젠더감수성 교실

# 젠더감수성 교실

### 우리 아이를 위한 실전 성평등 교육 매뉴얼

김은혜 지음

한겨레출판

\\\\\\\\

# 딸과 아들의 이분법을 넘어

내가 성평등 교육을 본격적으로 시작하게 된 건 인터넷 개인 방송 서비스인 아프리카TV의 유명 BJ가 만든 '앙 기모띠'라는 표현을 숨 쉬듯 사용하는 우리 반의 학생들 때문이었다. '앙 기모띠'는 일본 AV에서 여성의 대사로 자주 등장하는 '기분이 좋아요(기모치 이이)'에서 유래한 말이다. 온갖 고생을 하며 '앙 기모띠'를 교실에서 몰아내고 나자 이번엔 '보이루'라는 단어가 등장했다. 나와 내 주변의 교사들은 중·고등학교 남학생들이 초등학교 여학생에게 '보이루'라고 이야기하며 자기들끼리 킬킬대는 것을 목격해야 했다. 이 유행어를 만들어 낸 유튜버는 '보이루'가 자신의 이름과 '하이루'를 합해 만든 것이라고 이야기했지만, 그 단어를 말하면서 웃던 남학생들은 여성의 성기와 '하이루'를 결합시킨 단어로 사용하며 초등 여학생들을 성희롱하고 있었다.

졸업한 제자들이 학교에 찾아올 때마다 나는 이미 내 손을 떠난 아이들이 이 사회의 잘못된 성역할을 학습하고 있는 것 같아 안타까웠다. 초등학교 후배들에게 세 보이기 위해 여자 친구를 데려와 졸업한 학교 계단에서 일부러 키스를 한 남학생, 운동장 한가운데서 성행위를 연상시키는 동작을 하던 중학교 남학생들, 겨우 중학교 1학년인데 다이어트를 걱정하던 여학생, 남학생의 교복과 다르게 움직이기도 힘들 만큼 작은 교복을 입고 생활해야 하는 여학생들…. 학생들을 탓하기에는 이 사회가 보여주고 있는 성차별이 너무 크고 거대했다.

성평등 교육을 할수록 더 많은 것들이 눈에 보이기 시작했다. 교과서 삽화에는 늘 앞치마를 두른 인자한 엄마가 나왔다. 국어 수업 지문의 사고뭉치 아이들은 죄다 남학생이었다. 성교육 자료에 여성의 외부 생식기 명칭은 정확히 나와 있지도 않은데, 남성의 성욕은 꼭 언급되어 있었다. 전근을 간 학교에서는 개교 이래로 항상 남자아이들이 1번부터 앞 번호를 차지했고, 여자아이들은 그 뒤의 번호를 이어갔다. 성평등 교육을 위해 참가했던 여름 연수에서는 여성 강사가 프로그램을 진행한다는 이유로 남성 교사들이 아예 강의를 듣지도 않고 나가는 모습을 목격했다. 소라넷과 N번방 같은 여성의 안전을 위협하는 사건이 터질 때마다 현직 초등 교사 커뮤니티에서는 '남자를 잠재적 가해자로 모는 게 기분 나쁘다'라며 아예 이야기조차 꺼내지 못하게 했다. 나는 끝없이 좌절했고 괴로웠다. 그러나 예전으로 돌아갈 수는 없었다.

### 그러나 희망은 있다

유난히 힘든 아이들을 맡았던 해가 있었다. 사건 사고가 잦아 몸과 마음이 정말 지쳐 있던 해였다. 그런데 종업식 날 한 여학생이 조용히 내게 다가와 편지를 전해주고 갔다. 편지에는 이렇게 쓰여 있었다. "선생님 덕분에 성평등에 대해서 많이 알게 되어서 좋았어요. 항상 성평등이 궁금했는데 선생님이 알려주셔서 다행이에요. 선생님은 저에게 항상 최고의 선생님일 거예요."

또 다른 여학생은 짧은 내 머리카락을 보고 용기를 내어 항상 하고 싶어 했던 숏컷을 했다. 같은 반 남자애들이 "너 남자애냐?"라고 놀릴 때마다 나는 "어? 선생님은 여잔데 선생님 머리는 더 짧아요!"라고 대답해 주었다. 그 여학생은 졸업할 때까지 계속 짧은 머리를 하고 다녔다.

성평등 교육이 쌓여갈수록 교실 안의 아이들은 점차 자유로워졌다. 여자아이들은 얼굴색이 유난히 하얀 남학생에게 '핑키'라는 별명을 붙여주었다. 핑크색이 정말 잘 어울린다는 이유였다. 그 남학생은 자신의 별명을 마음에 들어 했다.

밖에 나가 축구하는 것을 좋아하지 않던 남학생들은 교실 바닥에 앉아 공기놀이를 하거나 수다를 떨었다. 어렸을 때부터 밖에 나가 놀고 싶어 하던 여학생은 친한 남자애들을 끌고 나가 뛰어놀기 시작했다. 학기 말이 다가올수록 남자아이들의 청소 스킬은 점점 완벽해졌다. 여자아이들은 큰 목소리로 "내가 할 거야!"라는 말을 외치기 시작했다. 체육 시간에 뛰다가 넘어져도 울지 않고 일어났다. 운동을 열심히 한 여학생들은 급식을 더 많이 먹었다.

남자아이들은 혐오 표현을 자제하기 시작했다. 누군가 혐오 표현을 쓰면 냉큼 내게 달려와 알렸다. 여성 혐오에 관한 미디어 리터러시 수업을 한 이후로 남자아이들이 보는 채널이 조금씩 달라졌다.

### 한 걸음 더 나아가

이렇게 변화하는 교실 속의 아이들과 함께 계속 성평등 교육을 실천하다 보니 가정교육과의 연계가 중요하다는 생각이 들기 시작했다. 졸업 후에 여자 친구를 과시용으로 데려왔던 학생의 어머님은 학부모 상담 시간마다 "우리 아들은 상남자"라며 아이를 자랑스러워하셨다. 축구를 싫어하고 교실에서 노는 걸 좋아하는 남학생

중 한 명의 부모님은 "애가 남자앤데 운동도 안 하고 여자애처럼만 놀아서 큰일"이라며 한숨을 쉬셨다. 남자애들을 이끌고 밖에 놀러 다니는 여학생의 아버님은 "여자애가 또래 여자애들이랑 끼리끼리 어울려야지 거친 남자애들하고만 어울린다"며 나에게 상담 요청을 여러 번 하셨다. 그분들을 설득하면서 많이 안타까웠다. 자녀의 행복을 위하려고 여자답게, 남자답게 살기를 바라셨지만 그것이 되레 자녀를 불행하게 만드는 일이 되어버리기 때문이다. 자녀의 타고난 개성이 성별 이분법에 맞지 않으면, 많은 부모가 그것을 억지로 꺾어버리거나 성별 이분법의 틀 안에 맞도록 바꿔버린다. 자녀들은 부모의 말을 들어야 한다고 생각하기 때문에 자신이 진짜 원하는 것이 무엇인지 알아차리기도 전에 '여자답게' '남자답게' 크는 데 익숙해진다. 백만 명의 아이들이 있다면 백만 개의 다양성이 있을 텐데 여자와 남자 단 둘로 나뉘어 버리는 것이다.

우리 반에서 가장 키 크고 힘센, 목소리도 제일 큰 여학생의 어머님과 상담했을 때다. 어머님께서 "우리 애가 요새 성평등에 아주 관심이 많아요. 그래서 저도 성차별 안 하려고 조심하고 있어요"라며 웃으셨다. 그 여학생이 만약 성평등하지 않은 가정에서 지냈다면 '여자애가 왜 이렇게 목소리가 크니' '여자애가 왜 이렇게 남자처럼 구니' 같은 말들을 들었을 것이다. 이 여학생은 집에서 가족들과 성평등에 대해서 자유롭게 이야기를 나누는 게 행복하다고 했다. TV를 보다가 '여자가~' '남자가~'라는 표현이 나오면 가족들이 함께 화를 낸다며, '내가 굳이 여성스러울 필요가 없는 우리 집 분위기가 너무 좋다'라는 말을 일기에 적었다. 성차별 안에서 남녀 이분법에 맞지 않는 것은 전부 틀린 것이 되지만, 성평등 안에서는 모든 사람의 모습은 틀린 것이 아니라 단지 다른 것이기 때문이다. 이렇게 '여자답게' '남자답게'라는 두 가지 선택밖에 없는 이분법에서 벗어나 자유로워진 아이들은 무엇이 될까? 바로 '진정한 나 자신'이다.

이 책에서는 가정에서 자주 접하는 대표적인 성역할 고정관념들과 그 문제점을 짚고, 이를 바로잡기 위해 실천할 수 있는 방법들을 꼭지마다 적었다. 2016년부터 본격적으로 성평등 교육을 연구하면서 쌓은 성공의 경험과 시행착오를 떠올리며 가정에서 따라 할 수 있는 교육 방법을 알리는 데 중점을 두었다. 연령대에 맞는 다양한 활동을 단계별로 제시하고, 활동 시 주의 사항과 도움이 될 만한 콘텐츠 등도 구체적으로 소개했다. 나와 소중한 내 자녀가 함께 행복해지는 성평등을 가정에서 실천하고자 할 때, 이 책이 훌륭한 길잡이 역할을 해줄 것이라 믿는다.

2020년 겨울

김은혜

# 목차

\\\\\\\\

1장
딸과 아들은
원래 다르다는 거짓말

# 여자의 뇌, 남자의 뇌는 없다

•
•
•

"용을 무찌르는 건 원래 남자가 하는 거야!"

2학년 교실에서 동화책《종이 봉지 공주》로 독서 교육을 하고 있을 때였다. 한 남학생이 얼굴을 찡그리더니 큰소리로 혼잣말을 했다. 책 속에 나오는 '용을 무찌르는 공주'를 이해할 수 없었기 때문이다.《종이 봉지 공주》는 자신의 왕국을 홀라당 태워 먹고 약혼자를 잡아간 용을 찾기 위해 유일하게 남아있는 종이 봉지로 옷을 만들어 입고 모험을 떠나는 공주의 이야기다.

2학년짜리 남학생의 눈에는 예쁜 드레스도 입지 않고, 용을 무찌르러 모험을 떠나는 공주는 '여자'가 아니었다. 사실 반 분위기를 보면 그렇게 생각할 만했다. 여자아이들의 절반은 학교에 올 때 엘사 드레스를 입고 왔다. 칼, 무기, 용, 몬스터 등의 그림을 그리며 신이 난 아이들은 전부 남자아이들이다. 이 아홉 살짜리 아이들은 9년 동안 남녀 이분법으로 분리된 세상에 살면서 다른 모습으로 성장한 것이다. '겨우 9년으로?'라고 생각할 수 있지만, 9년은 성역할 고정관념을 숙지하기에 충분한 시간이다. 성역할에 아무런 고정관념을 가지고 있지 않던 영아들도 두 살 무렵이 되면 성역할 고정관념에 완전히 익숙해져 있다.

10년 전쯤, 〈아이의 사생활〉이라는 자녀 교육 다큐멘터리가 방영된 적이 있다. '여자아이와 남자아이는 타고난 뇌 구조가 다르기 때문에 서로 다른 교육을 해야 한다'라는 주장이 담겨 있다. 이 프로그램은 책으로 발간되었고, 이 책은 지금까지 대한민국의 자녀 양육 분야 베스트셀러로 자리 잡았다.

그런데 놀랍게도 뇌과학에서는 전형적인 여자의 뇌, 전형적인 남자의 뇌는 존재하지 않는다고 말한다. 뇌과학자인 송민령은 그의 저서 《여자의 뇌, 남자의 뇌 따윈 없어》에서 남녀의 뇌에 관한 연구를 소개한다. 뇌의 모양만 보고서는 이 사람이 여자인지 남자인지 알 수 없다. 1990년부터 2007년까지 120만 명의 성인과 아동을 대상으로 한 242개의 연구 결과, 남녀의 수학 능력은 차이가 없다고 밝혀졌다. 다른 능력을 분석한 메타 분석 결과 역시 전반적 인지 능력, 언어 능력도 남녀 간의 차이가 없거나 있더라도 무시할 수 있는 정도라고 한다.

그렇다면 호르몬의 차이는 어떨까? '남자아이들은 남성 호르몬 때문에 더 활발할 수밖에 없다'라는 말을 교육 현장에서 많이 듣는다. 과연 호르몬이 성별에 따른 행동을 결정지을까? 교육부에서 개최한 연수 중 인간의 신체 발달 과정에 대한 강의를 들을 때였다. 전문 강사분께서 여성과 남성의 신체 간 구분은 현재 사회에서 생각하는 만큼 큰 의미가 없다는 내용의 강의를 해주셨다. 수업 말미에 내가 질문했다.

"아들을 둔 보호자들의 상당수가 '남자애라 남성 호르몬이 넘쳐서 말썽을 피운다'라는 말을 하시는데, 맞는 말일까요?"

그러자 강사분께서 이렇게 답했다. 호르몬이란 기본적으로 뇌가 신체에 '이제 내 몸을 이렇게 변화시키자'라고 말하는 신호라고. 예를 들어 여성 호르몬인 에스트로겐이 분비되는 것은 '자, 이제 너의 몸이 생리를 할 수 있게 변화시켜라'라는 뜻이지 '넌 현재 사회에서 여성적이라고 정의하는 행동을 하게 될 거야'라는 명령을 내리는 게 아니라는 뜻이다. 남성 호르몬인 테스토스테론 역시 남성의 이차성징인 신체 변화를 일으키게 만드는 신호라고 이해하면 된다고 했다.

우리 사회는 테스토스테론이 폭력성을 일으키게 만든다는 믿음이 강하지만, 이런 믿음도 사실과 다르다. 시민건강연구소의 센터장이자 연구원인 김명희는 자신의 책《당신이 숭배하든 혐오하든》에서 신경생물학자인 로버트 사폴스키의 연구를 소개했다. 그의 연구 결과에 따르면 테스토스테론을 주입한 원숭이의 경우, 자신보다 서열이 낮은 원숭이만 공격했다. 인간보다 더 본능에 가까운 원숭이도 테스토스테론이 주입되었다고 해서 오로지 공격성에만 사로잡혀 있지 않았다. 자신보다 강한 원숭이는 공격하지 않는 사회적인 맥락 안에서 행동한 것이다. 사폴스키는 사람은 사회적인 상황에 더 크게 반응하는데, 테스토스테론이 높아진다고 해서 폭력성을 보이는 것이 아니라 상황에 따라 다른 사람을 돕는 이타적인 행위를 하거나 정직한 모습을 보이기도 한다고 말한다.

뇌의 차이도 아니고 호르몬의 차이도 아니라면, 여자아이와 남자아이는 왜 이렇게 차이가 날까. 뇌에 큰 영향을 주는 현상 중에 '점화 효과'라는 것이 있다. 내가 보고 겪었던 것을 의식적으로 기억하지 않아도 그것들이 나에게 영향을 준다는 것이다. 분홍색 배냇저고리부터 리본, 꽃 머리핀, 드레스, 구두, 화장한 인형들은 여자아이들에게 '사회화된 여성성'을 심어준다. 여자아이들은 곧 자신이 그것을 좋아한다고 믿게 된다. 비슷한 과정을 거쳐 남자아이들은 자신이 파란색, 싸움, 무기, 자동차 등을 좋아한다고 생각하게 된다. '사회화된 남성성'이다.

성별 이분법은 사용하는 물건뿐만 아니라 아이들을 대하는 교사들의 태도에서도 나타난다. 학교에서 여자아이가 떠들어서 담임교사에게 야단을 맞았다. 담임교사는 옆 반 선생님에게 이렇게 이야기한다.

"걔는 여자앤데도 그렇게 산만하고 시끄러워. 별일이야."

이번엔 남자애들이 시끄럽게 한참 떠들었다. 담임교사는 똑같이 야단을 친다. 하지만 그 뒤는 다르다.

"어휴… 남자애들은 하여간… 원래 저렇지."

이 사회는 소위 '남성성'이라고 불리는 행동을 남자아이들에게는 허용해 주고 여자아이들에게는 금지한다. 반대의 경우도 마찬가지다. 초등학생들은 이런 사회의 가르침을 어기면 안 된다고 생각하기 때문에 이를 충실히 따른다. 결국 자신이 타고난 성향이 어떻든 간에 성별 이분법에 갇혀버리고 만다. 이런 성별 이분법 때문에 아이들은 자신의 가능성과 잠재력을 제대로 발현할 기회를 잃어버린다.

# 여성성과 남성성에서 벗어난
## 나(보호자)의 특징을 생각해 봐요

(예시)

나는 어려서부터 바비 인형보다는 레고를 좋아했다. 그런데 부모님은 항상 인형 놀이 세트를 사주셨다. 결국 나는 취향에 맞지 않는 바비 인형들을 가지고 놀기 시작했다. TV에 나오는 여자들처럼 요리하고 파티를 하는 척하고… 그러다 흥미가 떨어지면 인형들 머리카락을 싹둑싹둑 자르고 팔다리를 뽑고 놀았다. 그러나 몇 년간 계속해서 가지고 놀 만한 장난감이 인형밖에 없자, 나중에는 정말 재미있게 가지고 놀았다.

보호자가 깨달으면 아이들도 깨닫게 된다. 어렵게 생각할 필요

없이 "너는 여자애가~!" 하고 자신이 들었던 말들을 생각해 보면 된다. 넌 여자애가 왜 그렇게 드세니, 여자애가 왜 그렇게 덜렁대니, 여자애가 왜 이렇게 꾸미는 데 관심이 없니⋯. 이상한 일이다. 내가 여자로서 여성성을 타고 태어났다면 굳이 이런 말을 들을 필요가 없을 것이다. 나는 여성성을 타고난 것이 아니라 여성성에서 벗어나는 행동들을 교정당하며 살았다.

## 여자는 핑크, 남자는 블루의 틀을 깨봐요(저학년)

**| 여자용·남자용 상관없이 학용품 선택하기 |**

학용품은 대부분 여자아이용과 남자아이용으로 나뉘어 있다. 특히 저학년 용품의 경우 여아용은 대부분 분홍색, 남아용은 파란색이나 어두운색이다. 자녀의 성별에 상관없이 분홍, 파랑, 어두운색의 용품을 골고루 선택해 보자.

**| 이 물건을 쓰는 이유가 무엇인지 설명해 주기 |**

딸들은 자신이 분홍색을 좋아한다고 생각하는 경우가 많다. 여태까지 자신이 직접 고른 경험이 많지 않고 누군가에게서 받은 물건들이 대부분 분홍색이었기 때문이다. 자신이 그 색을 좋아하는지 생각해 볼 기회가 없었다. 다양한 색깔의 물건들을 사용하면서 자신이 진짜 좋아하는 색깔이 무엇인지 생각할 기회를 주자.

　"여태까지 어른들이 ○○이한테 계속 분홍색의 물건을 많이 줬잖아. 그래서 다른 색깔을 사용해 볼 기회가 많이 없었지? 그러니까 다른 색들도 한번 사용해 보자. ○○이가 여러 가지 색깔을 쓸 수 있는 기회를 가져보는 거야."

　아들들은 '남자가 분홍색을 쓰면 창피하다'라는 반응을 보일 수도 있다. 그럴 때는 이런 식으로 설득해 보자.

　"옛날에는 분홍색이 용감함을 상징했기 때문에 분홍색은 남자애들의 색이었대. 그러다가 시간이 지나고 파란색이 남자들의 색이라고 생각하게 되었어. 사실, 진짜 남자다운 색은 없는 거야. 여러 가지 색깔들은 다 각자 좋은 점이 있는데 계속 파란색과 어두운색만 쓰는 건 좀 아깝지 않을까?"

**| 물건을 사용하는 자녀의 모습을 자주 칭찬하기 |**

아들이 빨간색 책가방을 메고 학교에 갔는데 짝이 "너는 남잔데 왜 빨간 가방을 써?"라고 놀리면 순식간에 자신감을 잃어버릴 수 있다. 그러다 보면 파란색, 어두운색 등 성별 고정관념에 맞는 용품만 쓰려고 한다. 빨간색 가방을 든 너의 모습이 아주 훌륭하며 남자도 빨간색을 쓸 자유가 있다고 자주 이야기를 해주는 것이 무척 중요하다.


# 집에서 쓰는 언어에서 '여성' '남성'의 이분법적인 표현을 바꿔봐요(전 학년)

**| 동요로 성평등에 가까이 다가가기(저학년) |**

유명한 동요인 〈아기상어〉를 통해 '여성' '남성'의 이분법을 교정하는 활동을 할 수 있다. 이 동요에는 아기 상어, 엄마 상어, 아빠 상어, 할머니 상어, 할아버지 상어가 나온다. 동요의 춤을 보면 여성인 엄마 상어와 할머니 상어는 동작을 작게, 아빠 상어와 할아버지 상어는 동작을 크게 한다.

- 엄마 상어와 할머니 상어 동작을 할 때는 '여성스럽게 추자'라는 말보다 '작은 동작으로 춰보자' '부드럽게 춰보자'라는 말로 대신한다.

- 아빠 상어와 할아버지 상어 동작을 할 때는 '남자답게 추자'라는 말을 쓰지 않고 '동작을 크게 해보자' '힘을 주어 춤을 춰보자'라고 표현한다.

- 여성 상어만 작은 동작, 부드러운 동작을 할 필요가 없다는 점도 알려준다. 여성 상어의 동작도 '팔을 크게 뻗어보자' '힘차게 춰보자' 같은 표현으로 말해줄 수 있다.

- 남성 상어 동작을 할 때도 '귀엽게 춰보자' '부드러운 느낌으로 허리를 좌우로 움직여 보자' 같은 표현을 쓸 수 있다.

- 추가 활동으로 가사를 바꾸어 보는 것도 좋다. 아빠와 할아버지는 '남자답게' 엄마와 할머니는 '여자답게'의 이분법에서 벗어나 할아버지 상어는 '귀여운' '어여쁜' 등의 표현으로, 엄마 상어는 '멋있는' '씩씩한' 등의 표현으로 바꿔서 불러보면 아이들은 흥미 있어 하면서 잘 따라 부른다.

| 움직임을 성평등하게 표현하기(고학년) |

고학년으로 갈수록 여성과 남성의 움직임을 구분 짓는 말을 자주 듣게 되는데, 가정에서부터 이런 표현을 피하고 이런 표현이 왜

잘못됐는지 알려준다.

- '여자는 이런 동작을 못 해' '여자는 이 정도 무게를 못 들어'라는 말을 가정에서 하지 않는다. 학교 체육 시간에 이런 말을 듣는 일이 종종 있기 때문에 이런 표현을 들은 적이 있는지 이야기를 나눠본다.
- '남자라면 이 정도 힘은 써야지' '남자는 여자보다 힘이 세야지' 같은 말을 가정에서 하지 않는다. 근력이 약하거나 스포츠를 못하는 경우 남자답지 못하다는 말을 많이 듣게 된다. 남자다워야 한다는 것은 사회의 고정관념이라는 것을 자주 이야기해 준다.
- 고학년은 미디어에 많은 영향을 받는다. 아이돌 그룹이 대표적인데, 성별 이분법을 충실히 따르는 경우가 많다. 걸그룹은 귀엽게 보이는 춤, 섹시해 보이는 동작이 많다. 보이그룹은 힘 있는 동작, 강하게 보이는 동작을 내세운다. 이러한 성별 이분법에서 벗어날 수 있도록 여성이 다양한 스포츠에 도전하는 영상이나 성별 고정관념을 제거한 안무 영상을 추천해 주고 여자다운 움직임, 남자다운 움직임에 대한 이분법을 깰 수 있는 기회를 제공한다. 고학년이므로 동작을 표현하는 어휘를 다양하게 쓸 수 있다. '순수한 느낌' '정복자 같은 느낌' '시원시원한 느낌' 등등으로 표현을 대체해 본다.

**추천 콘텐츠**

유튜브 채널 〈프롬나우〉의 '디폴트의 춤' 시리즈

여성, 남성 아이돌 그룹의 춤에서 성별 고정관념을 빼고 기본적인 움직임으로 재현한 안무를 보여준다.


# 가정 내의 성별 이분법을 점검해 봐요(전 학년)

---

**| 보호자가 자녀를 대하는 성별 고정관념의 예시 |**

**딸에 대한 보호자의 고정관념**

- 보호자와 많은 대화를 주고받아야 한다고 생각한다.

- 위험한 행동을 할 때 '여자애가…' 하는 생각이 들 때가 있다.

- 외모 꾸미는 것을 좋아한다고 생각해서 아이를 꾸며주는 데 신경을 많이 쓴다.

- 활발한 경우 '여자애인데 칠칠치 못하다'라고 생각해서 여성성을 갖추라고 이야기한다.


**아들에 대한 보호자의 고정관념**

- 감정적인 대화가 쉽지 않다고 생각한다. 여자아이만큼 대화를 나

누기는 어렵다고 생각한다.

- 위험한 일을 해도 '남자애니까 괜찮지'라고 생각한 적이 있다.
- 잘 노는 것이 가장 중요하다고 생각해서 최대한 많이 밖에서 놀게 한다.
- 조용하고 눈물이 많으면 '남자답지 못하다'라고 생각해서 남자다워지라고 이야기한다.

**| 아들에게 감정적 공감을 기대하지 않고 대화하고 있는지 살펴보기 |**

자신의 감정을 자세히 표현하는 대화법을 학습하다 보면 대부분의 남학생은 다들 질색을 하며 '그런 말을 쓰면 친구들이 놀려요!'라고 한다. '네가 어제 게임을 하다가 나에게 이런 말을 해서 무척 속상했어'나 '아까 쉬는 시간에 나를 놀리는 말을 해서 화가 났어' 같은 말을 '남자답지 않은 말'로 생각하기 때문이다.

사회적으로 합의된 '남성성'은 남자아이가 감정적인 대화나 활동을 경험하는 것을 막는다. 사회 통념상 감정은 남성의 영역이 아니라고 생각해서 아들인 네가 감정을 표현하는 것에 서툴러도 괜찮다는 사회적 분위기가 만연하기 때문이다. 아들이 감정 표현을 하지 않거나, 보호자의 감정 표현에 호응해 주지 않아도 '남자애니까'라며 당연한 것으로 여기지 않았는지 생각해 보자.

| '여자애인데…'라는 생각에 딸을 제지한 적이 있는지 되돌아보기 |

학교에서 활발하게 뛰어놀다가 사고를 일으킨 남학생들의 보호자에게 연락하면 '남자애들이 그렇죠'라는 반응이 대부분이다. 이 말은 여자애들은 그런 행동을 안 한다고 생각한다는 뜻인데, 학교에서 학생들을 지도해 보면 여자아이들도 마구 뛰어다니거나, 위험한 일에 도전하고 싶은 생각이 있다는 것을 목격한다. 다만, 남자아이와 다르게 여자아이는 '애들은 원래 위험한 장난도 하고 그러는 거지'라는 관용을 받지 못한다.

| 딸, 아들과 나누는 대화의 소재는 어떤 것인지 생각해 보기 |

자녀와 나누는 대화의 소재를 생각해 보자. 딸과의 대화에 옷, 헤어스타일, 만화 주인공에 관한 대화가 많거나 아들과는 축구, 달리기, 친구와 놀기 등이 중요 소재였다면 성별 이분법에 따른 대화를 나누고 있을 가능성이 높다.

| 사회적인 여성성/남성성을 따라야 한다고 말한 적이 있는지 되돌아보기 |

보호자들과 상담을 하면 자녀에게 가장 바라는 것 1순위가 '남자 같은 남자아이' '여자 같은 여자아이'로 성장하는 것이다. 여자아이가 활발하면 꼼꼼하지 못하며 설치고 다닌다고 표현하고, 남자아이가 활발하면 설령 도가 지나치더라도 올바른 방향으로 가고

있다고 안심하는 경우가 많다. 규정된 여성성/남성성을 따라가는 것이 올바르다는 생각을 가지고 있기 때문이다. 양육자인 나에게 이런 고정관념이 얼마나 있는지 생각해 보는 것이 가정 성평등 교육의 성공적인 시작이다.

# 맨박스에 갇힌 아들, 자기 검열에 갇힌 딸

●
●
●

남자와 여자는 자주 싸운다. 초등학교 교실에서도 싸우고, 어른이 되어서도 싸운다. 대체 왜 그러는 걸까?

굉장히 유명한 이 그림(34쪽)의 제목은 '리벳공 로지'다. 매우 강인해 보이는 이 여성이 그려진 시대는 놀랍게도 1940년대다. 이 그림은 중노동 현장에서 여성들이 일하도록 권장하는 내용을 담고 있다. 실제로 이 시대의 미국 여성 수백만 명이 중노동 현장에서 노동자로 훌륭히 자신의 일을 수행했다.

하워드 밀러가 만든 〈리벳공 로지〉 포스터.

그렇다면 그로부터 10여 년 뒤 미국 여성들의 삶은 어떻게 변했을까? 백인 여성들은 거의 다 가정주부가 되어있었다. 10대 때부터 그들의 최대 인생 목표는 '좋은 남편 구하기'와 '완벽한 가정주부의 역할 수행하기'였다. 여성으로서 최고의 성공은 '훌륭한 남편을 두고 사랑스러운 아이들을 기르는 현모양처'였다.

왜 불과 10년 사이에 이런 변화가 일어났을까? '리벳공 로지'는 제2차 세계대전 시기의 작품이다. 대부분의 젊은 남성들이 전쟁에 투입되었기 때문에 그 자리를 대체할 존재가 필요했다. 그러자 비로소 여성들에게 사회에 참여할 수 있는 기회가 열렸다. 그러나 전쟁이 끝나고 남성들이 다시 사회로 돌아오자 여성들은 밀려났고,

직장을 가진 남자들이 원하는 여성상 – 가정을 잘 돌보고 남편을 위해 요리와 청소와 육아를 하는 – 으로서의 모습을 하게 되었다.

그렇다면 여성성이란 도대체 뭘까? 1940년대 미국의 여성들에게는 기름이 묻은 작업복을 입고 거친 노동을 하는 것이 미덕이라고 권장되었다. 반면 1950년대의 여성들에게는 완벽하게 손질된 헤어스타일과 화장을 하고 앞치마를 두른 채 아이들과 남편을 위한 음식을 만드는 것이 미덕이었다. 여성성이란 타고난 여성의 성품이 아니라 그 시대의 남성들이 원하는 필요를 충족시켜주는 모습을 형상화 한 것이었다.

여성들이 '여성다울 것'을 강요받을 때 남성들은 '남성다울 것'을 강요받는다. 이것을 '맨박스'라고 하는데 가부장제 사회에서 남성에게 씌워지는 억압, 즉 '남성이 남성다울 것'을 강요하는 것을 뜻한다. 가부장제하에서 사회의 권력과 재화를 차지한 남성들은 그에 맞는 성품을 가져야 했다. '용감한' '진취적인' '여성 위에 군림하는' '씩씩한' 등등…. 남성들은 이런 특성을 가져가 '남성성'이라고 이름 붙였다. 이제 남성성은 남학생들이 스스로 증명해야 하는 중대한 자격 요건이 되었다.

몇 년 전, 담임했던 남학생 중에 자주 우는 아이가 있었다. 주위 교사뿐만 아니라 같은 반 친구들도 이렇게 이야기했다.

"야, 너는 남자애가 왜 자꾸 우냐?"

남자애가 우는 것은 남성성에서 벗어나는 일이다. 이렇게 남성성을 쟁취하지 못하는 남학생들은 '2등 남성'으로 떨어진다. 남학생들은 이런 '2등 남성'이 되는 것을 굉장히 두려워한다. 주변에 이런 남자아이가 있으면 놀리고 깔보기도 한다.

이렇게 남성성을 쟁취하는 것이 굉장히 중요한 과제이다 보니 고학년 남학생들의 경우 부작용이 나타나기도 한다. 이들은 서로 힘을 겨루어 서열을 정하거나 다른 남학생보다 강해 보이기 위해 안간힘을 쓴다. 허세를 부리고, 거짓말을 하는 경우도 자주 일어난다. 서열에서 밀린 남학생들은 본능적으로 복종한다. 아무리 친한 사이라도, 매일 어울려 놀더라도 권력 관계가 존재한다. 그리고 이 권력 관계는 철저히 남학생들 사이에서 이루어진다. 왜일까? 여학생들은 아예 번외의 존재이기 때문이다. 한마디로 순위권에 있지도 않는다는 소리다.

고학년 남학생들이 남성성에 집착하고 서열을 과시하는 모습은 성인 남성들과 똑같다. 스마트폰이 광범위하게 보급되면서 남학생들은 남성성을 과시하는 미디어 속 성인 남성의 모습을 이전보다 빠르고 손쉽게 접하게 됐다. 성인 남성의 남성성 과시는 결국 자신이 얼마나 강한가, 잘났느냐, 많이 아느냐, 그리고 얼마나 여자

위에서 군림하는가로 나타난다. 절대 약해 보이면 안 되는 동시에 남들 위에 선 존재여야 하는 것이다. 그래서 남학생들은 날마다 남성으로서 생존 싸움을 벌인다.

남학생들이 더욱 강해 보이기 위해 '맨박스'에 갇힐 때 여학생들은 '자기 검열'에 갇힌다. 이때부터 성별 간 권력 관계가 더욱 뚜렷해지는데, 남학생들의 맨박스가 '남들보다 강한 나'를 만들기 위한 것이라면 여학생들의 자기 검열은 '타인에게 잘 보이기 위한 나'를 만드는 것이기 때문이다.

가장 큰 문제는 자기 능력을 드러내는 것에 대한 검열이다. 여학생들은 자신이 훌륭하게 마무리한 학습 과제나 스스로 해결한 어려운 문제에 대해 거의 자랑하지 않는다. 여학생이 자신의 능력을 자랑하는 경우는 무척 드물다. 특히 신체적인 능력을 드러내는 것을 가장 꺼리는데, 힘 센 여학생이 '야, 쟤는 남자다 남자' '우리 반 형님이다' 등의 놀림을 받는 경우가 무척 많기 때문이다.

꿈의 범위가 작아지면 자신의 잠재력에 대한 믿음도 작아진다. 남자아이들은 대부분 어떤 일이건 '내가 할 거야!' '나 그거 할 수 있어!'라고 말한다. 그리고 실패하더라도 자신의 능력에 대해 크게 의심하지 않는다. 그러나 여자아이들은 다르다. 애초에 '도전'은 여성성에 포함되는 항목이 아니다. 조심스럽게 시작한 도전이 실패로 끝날 때 더욱 자신을 검열하고 밖으로 표현하는 것에 겁을 먹는다.

여성성, 남성성을 따지는 이분법은 자녀뿐만 아니라 부모에게도 악영향을 미친다. 아들이 둘이면 엄마가 군대 조교가 된다는 말이 있다. 남자아이들은 키우기 힘들기 때문에 엄마가 강인해진다는 뜻이다. 많은 엄마가 '아들의 남성성 때문에 여성인 엄마가 키우기 너무 힘들다'라고 말하면서도 아들의 충분한 남성성을 확인하지 않으면 '우리 아들에게 무슨 문제가 있는 건가' 하고 고민한다. 아들의 양육이 딸보다 훨씬 힘든 것은 아들이 사회의 '남자다움'이라는 성역할을 학습했기 때문이다. 그러나 이런 문제점을 깨닫기에는 이 사회에 퍼진 성별에 따른 육아 통념이 너무 굳건하다. '아들 키우는 방법'은 따로 있다며 성차별을 더욱 견고히 하는 교육 자료도 많다. 결국 아들을 둔 보호자들은 본인의 힘듦을 '남자아이를 키우는 부모의 숙명'으로 생각하고 받아들이게 된다.

딸을 가진 보호자는 딸을 키울 때 '이 사회가 딸을 어떻게 바라보는가'를 생각하며 키우는 경우가 많다. 딸의 행동, 외모, 성격 등이 이 사회에 적합한지 계속 생각하고 점검하는 것이다. 이 사회가 바라는 여성상이 워낙 견고하기 때문에 딸의 외모나 행동을 검열하는 게 딸을 위하는 일이라고 생각하는 함정에 빠지기 쉽다. 딸의 몸매를 보고 살을 빼라거나 옷을 얌전하게 입으라는 말 등이 대표적이다. 이 과정에서 딸의 자존감은 곤두박질치게 되는데 이를 눈

치채지 못하는 경우도 많다. 결국 딸과 아들이 다르다는 생각으로 양육을 하면 보호자와 자녀 모두가 성차별에 의한 어려움을 겪게 된다.

가정에서
학교에서
성평등
실천 Tip

# '여성성' '남성성'은
# 만들어지는 것이라는 사실을 알게 해요

바르바라 크라프트가 그린 모차르트 초상화(왼쪽)과 루이 카로지 카르몽텔이 그린 모차르트 가족(오른쪽).

| 머리카락을 기른 모차르트와 긴 스타킹을 신은 가족(저·중학년) |

(예시 대화)

"초상화(40쪽 왼쪽 그림)에서 모차르트는 어떤 머리 모양을 하고 있나요?"

- 길어요. 말려 있어요. 여자들처럼 파마를 했어요.

"모차르트 가족(40쪽 오른쪽 그림)들 중 남자들의 옷이나 머리카락에 달린 장식은 무엇이 있나요?"

- 레이스가 있어요. 리본이 달려 있어요.

"바지를 관찰해 봅시다. 어떤 옷을 입었나요?"

- 어른 남자도 반바지를 입었어요. 긴 스타킹을 신었어요.


치마형인 고대 그리스의 토가나 고대 로마인들의 튜닉, 스코틀랜드의 킬트 등을 예시로 더 들어주어도 좋다. 토가나 튜닉은 당시 남성들의 일상복이기 때문에 이를 알아보면서 고정관념을 없애고 폭넓은 사고를 할 수 있는 발판을 쌓아줄 수 있다.


| 리벳공 로지를 통해 여성들의 직업 세계 변화를 살펴보기(중·고학년) |

리벳공 로지는 전형적인 '남성성'을 나타내는 영역의 직업을 수행하는 여성들의 모습을 그렸다. 리벳공 로지에 관한 이미지 중 가장 유명한 이미지를 먼저 살펴본다.

(예시 대화)

"이 그림은 무엇이 가장 강조되고 있나요?"

- 여성의 강한 팔 근육입니다. 힘입니다.

"이 그림에 나오는 여성은 어떤 느낌을 주나요?"

- 힘이 세 보입니다. 씩씩해 보입니다.

"이 그림은 여성들에게 '힘이 센' '씩씩한' 모습을 하라는 의미로 그려진 것입니다. 실제로 이 시대의 여성들은 용접, 드릴 공장, 조선업 등 다양한 분야에서 힘을 발휘했습니다. 여자아이들이 성장해서 이런 여성이 되길 원했지요."

이어서 리벳공 로지로 검색되는 다양한 여성들의 이미지를 함께 찾아본다. 현재는 남성들의 영역이라고 생각되는 기계 산업에서 활약했던 여성들의 모습을 함께 살펴보고 이런 모습이 여성들에게 권장되었다는 것을 알려준다.

(예시 대화)

"이 시대에는 전쟁으로 인해 일손이 많이 필요했어요. 그래서 여자들에게도 힘세고 씩씩한 모습을 보이라고 권장했어요. 그런데 전쟁이 끝나고 나자 여자들에게 집안일을 잘하는 것이 여자들이 갖춰야 할 모습이라고 태도를 바꿨지요. 그렇다면 사회에서 말하는 여자다움은 도대체 무엇일까요?"

- 여자가 이런 모습을 했으면 좋겠다고 생각하는 것들입니다. 그 당시 사회에 필요한 여자들의 모습인 것 같습니다.

"결국 여자다움이란 타고 태어나는 것이 아니라 사회에서 원하는 모습이지요. 사회에서 원하는 여성성에 맞추면 어떤 문제가 있을까요? 예를 들어 리벳공 로지 같은 능력을 가진 여성이 1950년대에 태어난다면 어떤 문제가 생길까요? 혹은 가정주부의 능력을 가진 여성이 1940년대에 태어난다면 어떤 문제가 생길까요?"(아래와 같은 답이 나오기 어려운 경우가 있으니 보호자가 대신 설명해도 괜찮다.)

- 내가 가지고 있는 능력을 발휘하지 못할 것 같습니다. 사회가 원하는 여자다움과 맞지 않아서 스트레스를 받을 것 같습니다.


## 아들의 '맨박스'를 살펴봐요(전 학년)

한 공간에 남학생들과 여학생들이 함께 있을 때 의견을 적극적으로 표현하는 쪽은 주로 남학생이다. 특히 개인적인 욕구를 정확하게 표현한다. 원하는 것을 적극적으로 표현하고 쟁취하는 것이 남성적인 것이라고 배웠기 때문이다. 또, 어떤 상황이든 항상 자신의 능력을 자랑하고, 강해 보이는 것이 '남자다운' 것이라고 배웠기 때문에 끊임없이 자신의 능력을 어필하며 남성성을 과시하려 한다. 초등학생 남자아이들이 많이 가지는 맨박스는 다음과 같은 것들이 있다.

- "남자는 ~하는 거야"라는 표현을 자주 사용한다.
- 모든 일에 "나 할 수 있어!" "나 저거 잘해!"라고 말한다.
- 보호자나 어른들이 행동을 제재해도 크게 신경 쓰지 않고 하고 싶은 대로 한다.
- 주변에 영향을 끼치거나 피해를 입힐 수 있는 상황에서도 조심하지 않는다.

남성성, 남자다운 것은 남자아이들이 타고 태어나는 것이 아니라 사회에서 학습하는 것이다. 맨박스가 강한 남학생들일수록 '남자는 무조건 강할 필요가 없다' '여자든 남자든 다 강할 수 있다' '다른 사람의 의견을 무시하는 것은 강한 것이 아니다' '정말로 강한 사람은 다른 사람을 배려하는 사람이다'라고 계속 말해줘야 한다. 자신이 남자라고 해서 사회에서 말하는 남자다운 행동을 꼭 해야 하는 건 아니라고 말해준다. 운동을 못해도 괜찮고, 울고 싶을 때는 울어도 되고, 힘이 약하거나 다른 친구에게 져도 괜찮다고 말해줘야 한다.

# 딸의 '자기 검열'을 살펴봐요

여자아이의 자기 검열은 외모에서부터 시작된다. 동화책, 미디어 등에서 나오는 여자 인물들이 대부분 비현실적인 몸매와 외모를 가지고 있기 때문이다. 보호자와 주변 어른들 역시 여자아이의 외모와 꾸밈에 관한 언급을 많이 한다. 외모 다음에는 행동이다. 여자아이가 자기주장이 강한 경우, 돌아오는 반응은 대부분 호의적이지 않다. 나이가 어린 아이들은 이런 분위기를 아주 잘 감지한다. 그리고 내면에서 스스로 피드백한 뒤 자신의 행동을 수정한다. 초등학생 여자아이들이 많이 하는 자기 검열은 다음과 같다.

- 옷차림이나 머리카락 모양이 흐트러지지 않았는지 자꾸 신경 쓴다.
- 보호자나 어른이 한번 지적한 행동은 그다음부터 하지 않으려고 노력한다.
- 자신의 요구 사항을 적극적으로 주장하지 않는다.

– 주변 사람들의 기분이 좋지 않아 보일 때 심기를 거스르지
않으려고 조심한다.

여자아이들은 머리카락이 단정치 못하거나 머리카락이 짧을
때, 교실에서 '여자애 머리가 그게 뭐냐'며 놀림을 받는 경우가 종
종 있다. 나는 그럴 때마다 곱슬머리 때문에 부슬부슬하고 짧은 내
머리카락을 보여주며 '선생님은 여잔데 ○○이보다 머리카락이 더
짧은데요?' '선생님은 어제 머리를 감고 잠들어서 아침에 빗질 한
번만 하고 왔는데요'라고 이야기한다. 아이들은 '아~ 그렇네' 하면
서 웃고 지나간다. 여자라고 꼭 외모를 단정히 할 필요가 없다는
이야기를 해주는 것이 중요하다.

여자아이가 자신의 요구 사항을 적극적으로 이야기하거나 앞
에 나설 때는 칭찬을 많이 해주면 무척 효과적이다. 여자아이들이
적극적으로 자신의 이야기를 하는 경우는 남자아이들에 비해 무척
드물기 때문이다.

가정 내에서 보호자의 기분이 나쁠 때, 딸이 보호자의 기분을
반드시 살펴야 할 필요가 없다는 것을 꼭 알려주어야 한다. 딸들은
부모의 기분을 살피고 거기에 맞추는 것에 익숙한 경우가 많기 때
문이다. 가족을 배려하고 존중하는 마음에서 나오는 걱정은 소중
한 것이지만, 이는 여자와 남자 모두에게 중요한 것이며 자신이 딸

이라는 이유로 부모의 감정을 일일이 살필 의무는 없다고 이야기
해 준다.

2장

여자아이를

작아지게 만드는 거짓말

# 해도 고민, 안 해도 고민인
# 내 딸의 화장

초등학교 5~6학년쯤 되면 여자아이들의 소지품에 틴트가 추가되기 시작한다. 얼굴을 하얗게 만들어주는 선크림 파우더나 비비크림이 등장하기도 한다. 내가 담임했던 반 중에 화장을 하는 여학생이 가장 많았던 반은 절반 정도가 빵빵한 파우치를 들고 다녔다.

이미 어린이 뷰튜버(뷰티 콘텐츠를 만드는 유튜버, 주로 메이크업을 하는 콘텐츠를 촬영한다)가 존재하고 초등학생 화장이 보편화 된 지금, 왜 초등학교 여학생들이 화장을 하는지, 우리 어른들은 이를 어떻게 바라봐야 하는지 생각할 필요가 있다.

여자아이들이 자라면서 거치게 되는 '엘사'와 '시크릿 쥬쥬', '바비 인형'들을 떠올려 보자. 엘사가 〈렛 잇 고〉를 부르며 멋지게 자유를 외칠 때 아이들이 매혹된 것은 엘사의 날씬한 허리와 다리가 잘 드러나는 하늘하늘한 푸른빛의 드레스였다. 금발 머리를 나풀거리며 아름답게 변신한 엘사의 외모는 몹시 비현실적이지만 여자아이들에게는 선망의 대상이다. 시크릿 쥬쥬와 바비 인형도 마찬가지다. 엘사와 장난감뿐이겠는가. TV에 나오는 여자 연예인들도 비현실적이긴 매한가지다. 실제로 이런 얼굴과 몸매를 가지기 위해서는 신체 조건을 타고나야 하며, 엄청나게 혹독한 다이어트를 해야 한다. 현실적으로 도달하기 어려운 너무 높은 기준점인 셈이다.

온 사회가 보편적이지 않고 비현실적인 여성의 미모를 끊임없이 보여주는 상황에서 여자아이들이 더 예뻐지고 싶다는 욕망을 갖게 되는 것은 당연하다. 저학년이었을 때 엘사를 보며 만든 미적 기준은, 고학년이 되어서는 그 기준을 충족하기 위해 실질적으로 노력하는 동기로 작용한다. 이 노력의 첫 단계가 화장과 다이어트다.

여기에 로드 숍의 저렴하고 품질 좋은 화장품이 대중화되고, 중·고등학교 학생들이 멤버로 속해 있는 걸그룹의 지속적인 등장으로 직접 따라 할 수 있는 롤모델이 제공되면서 초등학교 고학년의 화장이 하나의 문화로 자리 잡았다. 화장을 시작하는 초등학교

2장. 여자아이를 작아지게 만드는 거짓말

여학생이 늘어나는 이 상황은 어떤 문제점을 가지고 있을까.

학급에 화장을 열심히 하는 여학생이 있었다. 이 학생의 최대 고민 중에 하나는 틴트가 지워져서 맨 입술 색이 드러나는 것이었다. 매시간 한두 번씩 손거울을 들여다보고, 혹시나 색이 옅어졌다 싶으면 부지런히 틴트를 덧발랐다. 더 예뻐 보이고 싶다는 생각에서 틴트를 발랐겠지만 그 이면에는 나의 원래 입술 색은 예쁘지 않다는 생각이 깔려있다. 내 얼굴에 있는 입술이 완전한 것이 아닌 '화장으로 개선해야 할 부위'가 되어버린 것이다.

이런 생각이 발전하다 보면 맨얼굴은 부끄러운 것이 된다. 한국양성평등교육진흥원의 공식 유튜브 채널인 〈젠더온〉에서 실시한 실제 10대 여학생들의 인터뷰에는 "화장을 안 하고 등교한 날은 부끄러워서 마스크를 썼다" "아침에 늦잠 자서 화장을 못 하고 오면 친구들에게 화장품을 빌려서 화장을 하곤 했다"라는 말이 등장한다. 결국 나의 외모는 결함이 있는 것이 되고 나라는 존재에 대한 자존감 하락으로 이어지게 된다.

그렇다면 남학생도 여학생처럼 외모로 인한 자존감 하락을 겪게 될까? 내가 가르쳐 본 거의 모든 남학생은 자신의 외모에 자부심을 가지고 있었다. 자신의 얼굴이 잘생겼거나, 잘생기지 않았어도 매력적이라고 생각한다. 고학년으로 갈수록 남학생들은 본인의 외모에 자부심을 가지고 이를 자주 표현한다. 반면 여학생들은 고학년으로 갈수록 자기 외모 평가에 각박해진다. 남자아이들과 여자아이들 사이에서 자존감의 빈부격차가 벌어지는 것이다.

사실, 초등학생 자녀에게 화장에 대한 이야기는 신중하게 접근해야 하는 부분 중 하나다. 중학교, 고등학교는 여학생들 대부분이 화장을 한다. 화장을 안 하면 '여자인데 왜 꾸미지 않느냐'는 압박을 느낀다. 따라서 꾸밈 노동인 화장을 하지 말라는 것은 여학생에게 꾸미지 않을 자유, 내 얼굴을 그대로 인정하는 기회로 작용하기 때문에 긍정적인 효과를 가져온다. 그러나 초등학생의 경우 화장을 해야 한다는 압박이 직접적으로 가해지는 상황은 별로 없다. 또한 초등학교 여학생이 화장을 하는 것은 어린이로서 좋지 않은 행동이라고 보는 어른들의 시선이 강하기 때문에 화장 금지는 아동의 자유에 대한 억압으로 느껴질 수도 있다. 그래서 많은 초등 페미니스트 교사들에게도 초등학생의 화장은 어려운 문제다. 내가 반에서 화장을 무조건 금지하지 않는 이유이기도 하다.

그래서 사회가 여성에게 가하는 미적 강박을 알려주고, 여성의 화장은 이와 연관성이 많다는 점을 느끼게 한다. 그 후에 화장을 할 것인지 말 것인지는 여학생들의 선택에 맡긴다. 그러나 아쉽게도 이 사회의 미디어에서 보여주는 여성의 외모 강박이 너무 강력해서 많은 여학생이 '더 예뻐지고 싶다'라며 화장을 선택한다. 게다가 중학교만 들어가도 화장을 하지 않는 여학생은 '별종'이 되는 처지가 많기 때문에 초등학생 때는 화장을 하지 않다가 중학생이 되어서 '학교에 적응하기 위해' 화장을 하는 경우도 많다.

내 딸의 화장이 고민되는 보호자들이 무척 많을 것이다. 사실, 화장의 문제라기보다 여성은 아름다워야 한다는 사회적 강박의 문제로 바라보아야 한다. 많은 여성이 화장품으로 외모를 꾸미는 행위를 행복해하고 좋아하는데 왜 사회적 강박이냐고 반박할 수도 있다. 그러나 화장을 하는 것이 보편화 된 중·고등학교 여학생들은 '화장을 하지 않은 얼굴'이 창피해 마스크를 쓰거나 친구에게 화장품을 빌려 학교에서 화장을 하기도 한다. 성인 여성들도 사람이 많은 장소에 맨얼굴로 나가는 것을 부끄러워한다. 아침에 아무리 바빠도 직장에 화장하지 않은 얼굴로 출근할 수 없어 바쁜 시간을 쪼개어 화장을 한다. 과연 화장이 정말 여성에게 행복을 가져다주는 존재일까? 겉으로는 그래 보일 수 있지만, 화장을 하는 가장 큰 이유는 '더 예뻐지기 위해서' '내 얼굴의 단점을 가리기 위해서'이다. 이런 생각에서 출발하는 화장은 결국 내 얼굴에 대한 자신감을 떨어트린다.

화장을 무조건 하지 말라고 막기보다는 외모 평가에 대한 경각심을 키워주고 이 사회에서 여성에게 강요하는 미적인 강박이 진정으로 누구를 위한 것인지 알아차릴 수 있는 안목을 길러주어야 한다. 그리고 무엇보다 자신의 외모를 개선의 대상, 평가의 대상으로 보지 않도록 하는 것이 중요하다.

가정에서
학교에서
성평등
실천 Tip

# 얼굴과 몸은
# 평가의 대상이 아님을 알게 해요

**| 외모 칭찬은 외모 평가라는 것을 알려주기(전 학년) |**

우리 사회는 외모를 평가하는 것을 칭찬으로 사용하는 경우가 많다. 여자아이들은 '예쁘다'라는 평가를 무척 좋아하고, 외모를 칭찬하는 것이 왜 나쁜지 이해하지 못하기도 한다. 그래서 학생들에게 '외모 칭찬은 시험 점수를 매기는 것과 비슷하다'라고 설명한다. '예쁘다'라는 말은 얼굴을 미의 기준에 따라 평가해서 점수를 매겼다는 뜻이다. 평가는 시험 점수처럼 정답을 기준으로 점수가 높은지 낮은지를 매기는 것이므로 선천적으로 타고난 다양한 사람의 외모를 존중하지 않는다. 그래서 외모 평가는 틀렸다. 외모에는 정해진 정답이 없기 때문이다.

# 여성의 몸에 가해지는 미적 강박을 알아봐요

**| 웹툰에서 나타나는 외모 지상주의 살펴보기(중·고학년) |**

초등학생들에게 가장 많은 영향을 미치는 미디어는 바로 웹툰과 유튜브다. 특히 유명 포털 사이트의 웹툰은 초등학생들이 자주 구독하는 콘텐츠다. 인기작 중에는 여성의 외모를 중시하는 작품이 많다. 평범한 얼굴을 가진 소녀가 화장을 통해 여신급 미모가 되면서 벌어지는 일을 그린 〈여신강림〉, 여성이 군인이 되었을 때도 '군인'인 여성을 그리기보다 '예쁜 여자'가 군인인 것에 중점을 두어 그린 〈뷰티풀 군바리〉 같은 작품이다. 예능 프로그램으로 유명한 기안84의 작품에는 30대인 여성은 나이가 들어 예쁘지 않고, 남성은 아무런 매력도 느끼지 못한다는 표현이 등장하기도 한다. 20대 여성은 무능해도 성적 매력이 있으면 취직을 할 수 있다는 내용도 많은 논란을 일으켰다.

## 추천 콘텐츠

### 네이버 웹툰 〈화장 지워주는 남자〉(중·고학년)

앞서 소개한 웹툰과 비슷한 소재를 다루고 있으나 전하는 메시지는 정반대다. 외모 강박의 문제점을 짚어주고 왜 잘못된 것인지를 재미있는 스토리 전개와 함께 알려준다. 외모에 대해 자신이 없던 주인공이 스스로 자신감을 가지는 모습으로 바뀌어 가는 과정이 많은 여자아이들에게 긍정적인 영향을 준다.

### 다음 웹툰 〈당신도 보정해 드릴까요?〉(고학년)

자신의 외모에 불만족스러워하던 주인공 여성은 몸매를 바꿀 수 있는 마법의 태블릿을 갖게 되고 원하는 외모로 변신한다. 그러나 여러 가지 일을 겪으면서 외모의 강박에서 자유로워지는 사람들을 만나게 되고 진정한 행복이 무엇인지 고민에 빠진다.

이런 콘텐츠를 통해서 외모 강박의 잘못된 점을 알게 되면 다른 작품들을 볼 때 외모 지상주의적 소재를 비판적으로 바라볼 수 있는 안목을 키우게 된다. 무조건 안 좋다고 이야기하는 것보다 재미있고 긍정적인 콘텐츠를 추천해 주는 것이 좋다.

유튜버는 남성이 여성보다 훨씬 많지만 여성의 수가 압도적인 분야가 있다. 바로 뷰티 크리에이터다. 뷰티 콘텐츠는 화장으로 내 얼굴의 단점을 보완하는 방법을 세세하게 알려주기 때문에 영상을 시청하다 보면 내 얼굴의 단점을 인식하게 되기 쉽다. 예를 들어 자신의 눈에 대해 큰 불만이 없던 여학생이 '뷰튜버'의 눈 화장 영상을 보고 자신의 눈에 보완이 필요하다고 생각하게 되는 것이다.

유튜브에 '화장전후'를 검색하면 꽤 많은 영상이 뜬다. 전과 후가 다를수록 조회수가 높기 때문에 화장 후가 훨씬 예뻐진다는 것을 강조하고 화장 전의 얼굴은 최대한 못생겨 보이게 찍는다. 이런 영상을 시청한 후에 화장에 대해서 어떤 생각이 드는지 자녀와 이야기를 나눠보자.

운동을 소개하는 거의 모든 유튜브 채널에서 여성의 운동은 '살 빼서 예쁜 몸매 만들기'를 위한 것으로 소개된다. 건강 증진, 스트레스 해소 등 다양한 목적으로 운동을 할 수 있는데도, 운동이 오로지 신체의 아름다움을 돋보이게 하는 수단이 된 것이다. 그만큼 여성의 몸매에 대한 사회적 압력이 심각하다. 따라서 다양한 여성의 체형을 보여주는 것은 무척 중요하다. 여학생들이 접하는 미디어에 등장하는 대부분의 여성이 마른 체형이기 때문이다. 그런 영상에 익숙해지면 내 몸도 저렇게 날씬하게 만들고 싶은 생각이

들기 마련이다. 실제 중·고등학교 여학생들은 건강을 해쳐서라도 살을 빼는 것을 선호하는 경우가 많다. 교육 현장에서 만난 한 고등학교 보건 교사는 '우리 학교에 두 달 만에 10킬로를 뺀 여학생이 있는데 학교에 와서 일상생활을 하지 못하고 보건실에 누워만 있다가 간다'라며 안타까워했다. 다양한 체형을 접할수록 날씬한 몸에 대한 강박도 줄어든다.

**추천 콘텐츠**

유튜브 채널 〈맛있는 녀석들〉의 '시켜서 한다! 오늘부터 운동뚱' 시리즈

개그우먼 김민경이 열심히 운동하고 건강해져서 맛있게 음식을 먹으려는 목적으로 시작한 운동 프로젝트. 다이어트에 관한 이야기는 전혀 나오지 않고 몸의 근육을 바르게 쓰는 방법, 운동 후에 신나게 먹는 장면이 나온다. 여성의 운동이 반드시 미용을 목적으로 할 필요가 없음을 잘 보여주는 콘텐츠다. 스토리 자체가 재미있어 자녀들이 집중력을 잃지 않고 보기에 좋다.

| 꾸밈 노동에서 벗어나려는 여성들의 '탈코르셋 운동' 살펴보기(고학년) |

최근 10대와 20대를 중심으로 '탈코르셋' 운동이 활발하다. 탈코르셋은 여성에게만 강요되는 꾸밈 노동에서 벗어나자는 운동이다. 단순히 '안 꾸민다'가 중요한 것이 아니라 '여성에게만 과도한

꾸밈이 요구되는 것이 성차별'이라는 것을 인식하는 것이다. 남성과 여성이 똑같이 맨얼굴일 때 남자는 '보통' 얼굴이 되지만 여자는 '미완성의' '못생긴' 얼굴이 된다. 이 성차별을 인지하고 여성의 맨얼굴 역시 남성들처럼 자연스러운 것이라는 사실을 알게 하는 것이 탈코르셋의 요지이다. '화장 안 하기'에 동조하기 어렵다면 자신이 불편해하는 화장품의 수를 줄여보는 것도 좋은 방법이 될 수 있다.

또한 여성의 옷이 남성의 옷에 비해 몸매를 많이 드러내거나 미적인 부분을 중시해서 움직임이 불편한 경우가 많은데 이를 탈피해서 편한 옷과 신발을 신는 것 역시 탈코르셋 운동 중 하나다. 편한 여성복은 활동성을 높여주고, 마른 몸매에 대한 부담감을 줄여준다. 외모에 대해 좋은 평가를 듣는 것보다 내 몸이 편해지는 것, 내가 마음껏 활동할 수 있는 것이 중요함을 일깨워 준다.

초등학생들에게 탈코르셋은 어려운 주제일 수 있다. 그러나 긴 생머리와 화장한 여성이 대부분인 사회에서 짧은 머리, 화장을 안 한 여성의 모습을 보여주는 것은 여자아이들에게 다양한 선택지를 보여주는 것과 같다. 다양한 외모와 표현 방법을 존중하고, 여자는 반드시 꾸며야 한다는 부담감을 덜어주는 좋은 예로 활용할 수 있다.

**| 화장과 다이어트, 진지하게 생각해 보기(고학년) |**

한국양성평등교육진흥원의 공식 유튜브 채널인 〈젠더온〉에 올라와 있는 '깨끗하게 맑게 자신 있게! 10대들이 탈코르셋을 하게된 이유는?'이라는 제목의 영상을 보면 주인공은 화장으로 인해외모 콤플렉스가 쌓이고, 어느 순간부터 화장하지 않은 내 얼굴을부끄럽게 여기는 자기 자신을 인식하면서 화장을 그만두기로 한다. 또한 날씬한 몸매를 위해 건강을 해치며 다이어트를 하느라 일상생활도 유지하기 힘들 때가 많았기 때문에 날씬한 몸매에 크게신경 쓰지 않기로 결심한다.

이 영상을 보고 주인공이 왜 화장을 그만두게 되었는지, 왜 다이어트를 그만두게 되었는지 생각해 보고 이야기를 나누면 대부분의 여성이 하게 되는 화장과 다이어트에 대해 다시 한번 생각할 수있는 기회가 된다. 세상에 다양한 여성의 모습이 존재한다는 표본중 하나로 탈코르셋 소재를 활용한다면 획일적인 미의 기준에 맞추려는 고학년 여학생들의 스트레스를 줄여주고 자신의 모습에 대한 자존감을 높여주는 데 큰 도움이 될 것이다.

**추천 콘텐츠**

| 도서 |

섀너 코리, 《치마를 입어야지 아멜리아 블루머!》(전 학년) / 키스 네글리, 《메리는

입고 싶은 옷을 입어요》(전 학년)

여성이 코르셋을 포함한 불편한 드레스를 입던 시절, 편한 움직임

을 위해 반대를 무릅쓰고 간편한 바지를 입어 사회를 바꾼 여성들의 이야기이다.

### 레미 쿠르종, 《말라깽이 챔피언》(전 학년) / 빅토리아 제이미슨, 《롤러 걸》(고학년)

여자 주인공이 운동에 도전하면서 외모를 꾸미기보다 신체의 움직임에 집중하기 위한 차림으로 나온다.

### 로버트 먼치, 《종이 봉지 공주》(전 학년)

화려한 드레스만 입던 공주가 용을 무찌르기 위해 종이 봉지를 입고 모험을 떠난다.

책을 읽은 뒤 예뻐 보이는 것보다 '신체의 움직임을 더 중요하게 여기는 옷 입기'의 좋은 점이 무엇인지, '여자답게' 입지 않은 여자 주인공을 보니 어떤 생각이 드는지 함께 이야기를 나누면 더욱 의미 있는 독서 활동이 될 것이다.

### 유튜브 채널 〈문명특급〉

짧은 빨간 머리를 한 여성 MC 재재가 주인공이 되어 진행하는 콘텐츠. 항상 편한 옷과 바지 차림으로 나온다.

유튜브 채널 〈불꽃페미액션〉의 '교복입원 프로젝트 - 6년 동안 매일 12시간씩 갇혀 지낸다면? 아동복보다 작은 교복??'

낙태죄 폐지, 월경, 자위 등 여성의 몸과 섹슈얼리티를 주제로 활동하는 페미니즘 단체 '불꽃페미액션'이 운영하는 유튜브 채널. 이 영상에서는 성인 여성들이 중·고등학교 여학생 교복을 직접 입어봄으로써 여학생 교복이 얼마나 불편한지를 보여준다.

# "여학생 없으면 모둠 활동이 안 돼"의 함정

∴

오랜만에 만난 모임에서 한 친구가 둘째를 가졌다는 소식을 전했다. 첫째가 딸인 그 친구는 이번에도 딸이라고 했다.

"딸만 둘이니 금메달이네."
"나는 아들 하나 있어서 '목 메달'인데 부럽다. 얘."

그 자리에 앉은 친구들이 모두 금메달 땄다며 축하하는 걸 보고 많은 생각이 들었다. 왜 태어나기 전부터 딸이라는 이유로 이렇게 환영을 받을까? 우리는 왜 딸이 금메달을 의미하는지 다들 답을 알고 있을 것이다. 남자아이보다 양육이 편하고, 애교도 많고, 부모를 잘 도와주는 존재라고 생각하기 때문이다. 교실에서도 마찬가지다. 많은 교사가 교사의 말을 더 잘 따른다는 이유로 남학생보다 여학생을 선호한다. 그래서 남학생을 돌보는 역할을 여학생에게 맡긴다. 대부분의 초등학교가 여-남으로 짝을 지어 앉히는데 남자애들끼리 앉히면 서로 떠들고 싸우느라 수업 진행이 어렵기 때문에 남학생 옆에 여학생을 앉힌다.

짝 활동이나 모둠 활동을 할 때마다 열심히 참여하는 여학생들 옆에서 떠들고 노는 남학생들이 너무 많았다. 남학생들에게 왜 안 하냐고 재촉하면 '여자애들이 다 해서 할 게 없어요'라는 대답이 돌아오기 일쑤였다. 그래서 자리를 바꿀 때 여자-남자의 체계를 없애기로 했다. 학급의 모든 자리를 제비뽑기로 정한 것이다. 남자끼리 앉게 되는 경우가 생기자 그간 여자-남자 짝에서 알 수 없었던 문제점들이 드러났다. 한 번은 다른 모둠들을 지도하다가 남학생들로만 이루어진 모둠을 살피러 갔더니 전원이 아무것도 안 하고 10분째 앉아만 있었다. 교과서 뒤쪽에 붙어있는 카드를 뜯기만 하면 되는 활동이었다. 더욱 안타까운 것은 여-남 짝이었을 때는 이런 일이 훨씬 적었다는 점이다. 여학생들이 대신해 주는 경우가 많았다는 의미다.

이 여학생들이 교실에서 하고 있는 게 뭘까? 바로 '돌봄 노동'이다. 8~13세의 아이들이 여자라는 이유로 벌써부터 남학생을 돌보는 일을 교실 내에서 하고 있는 것이다. 그러나 많은 교사가 '원래 여학생들은 남을 잘 챙기니까' '남학생들은 덜렁거리고 다루기 힘들어서' 등의 이유로 계속해서 여학생에게 남학생을 돌보게 하는 구조를 이어가고 있다. 하지만 여학생들이 원래부터 이런 성향을 타고난 것은 아니다.

과학 저널리스트인 앤절라 사이니는 그의 책 《열등한 성》에서 심리학자 멀린스 하인스의 연구를 소개한다. 성별에 따른 선천적인 선호도는 존재하지 않는다는 내용이다. 12개월의 아이들에게 인형과 자동차를 주고 행동을 관찰했을 때 성별에 상관없이 모두 인형을 더 오래 쳐다보았다. 그런데 2세 무렵이 되자 여자아이는 인형을, 남자아이는 자동차를 더 많이 쳐다보았다. 부모나 주변 환경을 통한 학습 때문에 2세 무렵에는 성역할이 형성되어 있는 것이다. 5세쯤 되면 거의 완벽하게 성별 역할을 학습하게 된다. 즉, 여학생들은 이미 초등학교에 입학하기 전부터 타인을 돌보는 일이 여성의 역할이라고 학습했다는 뜻이다.

여학생들이 하는 행동은 여성에게 바라는 사회적인 기대 속에서 만들어진다. 예를 들어, 임신한 아이가 딸이라는 것을 알고 나면 태어나기 전부터 부모들이 가지고 있는 기대가 있다. 밝고, 애교 있고, 부모 말을 잘 듣고, 키우기 쉽고…. 그런데 이런 기대가 누구를 위한 것인지 생각해 봐야 한다. 그리고 그 기대를 채워주기 위해서 딸들이 포기해야 할 것들에 대해 인식해야 한다.

'밝고' '애교 있는' 딸이 되려면 자신의 기분이 어떻든 간에 남을 기쁘게 해줘야 한다. '나중에 부모를 잘 챙기기' 위해서는 자신의 시간과 돈과 노력을 부모에게 써야 한다. '키우기 쉬운' 아이가 되기 위해서는 얌전히 앉아서 할 수 있는 활동을 골라야 한다. 남자아이들처럼 태권도 학원복을 입고 흙바닥에서 뒹구는 것은 애초에 키우기 쉬운 존재로 인식되는 여자아이들에게 허락된 것이 아니다. 그건 '여성성'에 어긋나는 일이기 때문에 '여성'으로 자신을 인식한 여자아이들은 점점 그런 행동에서 멀어진다.

그렇기 때문에 '딸들이 진짜로 하고 싶은 것'에 초점을 맞추어야 한다. 딸이 누군가에게 자기 것을 양보할 때, 얌전히 있을 때, 참고 있을 때 기특해하는 것이 아니라 정말로 자신이 원하는 것이 무엇인지 물어봐야 한다. 그 시점에 하고 싶은 말이 무엇인지 말할 수 있는 기회를 주어야 한다.

처음에는 잘 안 될 수 있다. 부모가 만족하면 자기도 좋으니 별 욕심이 없다고 말할 수도 있다. 아주 어려서부터 남의 기대를 맞춰주는 것을 당연시하며 살아오다 보면 자신이 무엇을 원하는지 알기 어렵기 때문이다. 그러나 꾸준히 말할 기회를 주면 언젠가는 자신이 원하는 것에 대해 목소리를 내기 시작한다.

무엇보다 자녀가 '하기 싫은 것'에 대해 말할 때 신경 써서 딸의 말을 받아들여야 한다. 기대에 맞춰 키워진 여자아이들은 다른 사람이 싫어하는 행동을 하는 것을 미안해한다. 남자아이들은 대부분 그렇지 않다. 하기 싫다고 표현하거나 아예 안 한다고 고집을 피운다. 남자아이들은 '자기주장을 당당하게 하는 것'이 남자다운 것이라고 배우기 때문이다. 이에 비해 여자아이들은 자기 의견, 더 소소하게는 자신의 감정을 솔직하게 표현하는 것을 여자답지 않다고 배운다. 그래서 여자아이의 감정 표현은 응원과 배려를 받아야 한다.

이와 더불어 '남의 기대에 부응했을 때' '남을 배려했을 때' '돌봄 노동을 했을 때' 듣는 칭찬에 대해 보호자도 고민할 필요가 있다. 잘한 행동에 대해서 칭찬하는 것을 굳이 막을 필요가 있냐는 생각이 들 수 있지만, 사회적으로 여성에게 기대되는 이타성에 대한 칭찬이 반복되다 보면 자신보다 다른 사람을 먼저 생각하게 될 수 있다. 예를 들어 '딸이라 부모를 잘 챙긴다. 역시 딸이 좋다'라는 칭찬은 자칫 아들이 아닌 딸에게만 부모 돌봄에 대한 부담을 줄 수 있다. '딸'이라서 역시 부모를 잘 챙기기 때문에 여성으로서 남을 위해야 한다는 생각을 가지게 할 수도 있다. 칭찬받은 행동에서 벗어나는 것을 두려워하는 마음이 들 수도 있다. 실제로 많은 여자아이가 은연중에 이런 의미를 내포한 칭찬을 듣고 있다. 이런 칭찬이 가져올 수 있는 딸들의 자기희생을 보호자도 한번 고민해 보면 어떨까.

소설《82년생 김지영》을 원작으로 한 동명의 영화에서 주인공 지영의 어머니는 장녀이기 때문에 이루고 싶은 학업을 포기하고 공장을 다니며 남자 형제들을 부양한다. 삼 남매 중 장녀인 지영의 언니는 IMF 외환위기 때 가족들을 위해 교육 대학으로 진학해서 초등 교사가 된다. K-장녀의 굴레란 딸에게 바라는 희망과 희생의 집합체인 것이다. 자신의 욕망보다 타인의 기대를 들어주는 '자기희생'으로 이루어진 K-장녀들, K-딸들의 계보는 지금도 이어지고 있다.

가정에서
학교에서
성평등
실천 Tip

# 남들의 의견보다
# 자기 의견을 우선하는 딸이 되게 해주세요

| 딸의 욕구에 귀를 기울이기 |

- 딸이 정말 하고 싶었던 것을 물어보기

여자아이들과 남자아이들이 함께 어울려 놀 때 여자아이들은 얌전하게 있다는 이유로 칭찬을 많이 받는다. 이런 칭찬은 소극적인 행동을 강화하고 '여자는 활동적이지 않다'라는 선입견을 만들기 쉽다. 성별 이분법적 사회에서 자란 여자 어린이들은 하고 싶은 것이 있어도 보호자나 교사의 말을 듣고 참는 경우가 굉장히 많다. 따라서 딸들의 욕구를 적극적으로 들어주고, 실행해 볼 수 있는 기회를 많이 제공해야 한다.

- 딸에게 '내가 하기 싫었던 것'이 있었는지 물어보기

처음에는 '싫은 것'을 이야기하라고 하면 선뜻 입 밖으로 꺼내지 못하는 경우가 많다. 그러나 싫은 것에 대한 이야기를 수용해주고 이를 존중한다면 딸들도 점점 적극적으로 이야기하게 된다.

| 여성은 '남을 돌보는 사람'이라는 인식에서 벗어나기 |

- 여성은 남을 돌봐야 한다는 생각을 심어주는 장난감을 몇 개나 가지고 있는지 체크해 보기

(예시)

• 주방 놀이 세트: 요리를 하고 설거지를 하며 다른 사람의 음식을 챙기는 역할을 수행하게 한다.

• 인형 놀이 세트: 인형과 인형이 사는 집을 꾸며주고 청소하면서 누군가를 돌보고, 챙기는 역할을 수행하게 한다.

- 책이나 미디어에서 여성이 남을 돌보는 역할로 나오는 경우 체크해 보기

(예시)

• 카레 CF에서 앞치마를 두르고 아이들 식사를 준비하는 사람은 항상 엄마다.

- TV 프로그램 〈나 혼자 산다〉에서는 남을 잘 배려하는 박나래가 사회성이 부족한 기안84를 챙겨준다.
- 드라마에서 남자들은 주로 상 앞에 앉아만 있고 여자들이 음식을 해서 나른다.

- 집이나 학교에서 남성들의 부족해 보이는 점을 챙겨준 적이 없는지 생각해 보기

(예시)

- 엄마가 외출해서 오빠의 라면을 동생인 내가 끓여주었다.
- 남동생이 양말을 뒤집어 벗어놓아서 누나가 정리했다.
- 학교에서 남학생이 색칠을 못해서 내가 도와주었다.
- 아빠가 주말에 청소를 안 해서 엄마가 집 청소를 다 했다.
- 오빠가 등교할 때 옷을 못 찾아서 엄마가 항상 찾아준다.

- 여자가 챙겨주지 않아도 괜찮다는 인식 가지기

가정 내에서 돌봄의 역할을 많이 맡는 '엄마'와 '딸'에게 돌봄이 의무가 아니라는 것을 알려주는 책을 함께 읽는 것도 좋다. '우리 가족 인권 선언' 시리즈 중에 《엄마 인권 선언》이 활용하기에 아주 좋은 예다. 이 책은 엄마는 슈퍼우먼도, 마더 테레사도 아니며 엄마가 원할 때는 돌봄 노동을 안 할 권리가 있다고 말해준다. 정말

좋지 않은가! 딸들에게 자신이 할 일을 끝내고 나면 더 이상 추가 노동을 하지 않아도 미안해하지 않도록 키우자. 추가 노동은 대부분 '내가 여자니까'라는 생각에서 출발한 돌봄 노동이다. 특히 이런 활동은 단발성이 아니라 꾸준히 실천하는 것이 중요하다.

### | 친구에게 내 감정을 이야기하는 연습하기 |

중·고학년 여학생들은 또래 친구들끼리 잘 어울리다가도 서로 서운한 일이 생겼을 때 직접적으로 표현하는 것을 어려워한다. 자신의 기분이나 의견을 말해본 경험이 거의 없기도 하고, 상대방의 기분을 배려해야 한다는 생각에 당사자에게 말하지 못하고 주변 친구들에게 털어놓는 경우가 많다. 이런 과정이 쌓여 또래 집단 내에 큰 갈등을 낳는다. 딸에게 이런 일이 생겼다면 서운한 일을 말해보도록 집에서 연습해 보는 것도 좋다. 실제로 말하지 못하더라도 본인의 감정과 원하는 것들을 솔직하게 생각해 볼 수 있는 좋은 경험이 된다.

### | 명절 성차별에서 딸 보호하기 |

명절에 친척 어른들이 아이들에게 용돈을 대가로 애교나 장기자랑을 시키는 경우가 많다. 특히 여자아이들이 더 많은 요구를 받는다. 어린이가 이 상황에서 어른의 요구를 거절하는 것이 어렵기 때문에 본인이 원하지 않으면 하지 않도록 보호자가 막아주는 것이 좋다. 분위기 때문에 어른들의 요구를 들어주었다면 기분이 속상하진 않은지, 정말 하고 싶었는지 물어보아야 한다. 다음에 또 그런 일이 생길 때는 하기 싫으면 '싫어요'라고 말해도 괜찮다고 해준다.

딸들은 명절에 여자 어른들과 함께 집안일을 나누어서 하는 경우가 많다. 이런 모습을 보고 '여자애라 역시 어른을 도와 집안일을 잘하네'라고 칭찬하는 친척들이 있다. 딸이라는 이유로 집안일을 돕지 않도록 한다. 이것이 어렵다면 부모를 돕는 것은 '여자애'들만 하는 것이 아니라는 것을 꼭 알려준다.

**추천 콘텐츠**

**| 도서 |**

**로드리고 무뇨스 아비아, 《나는 천재가 아니야》**(중·고학년)

천재 피아노 연주자인 오빠에게 집중된 가족의 관심 속에서 내가 하고 싶은 일을 찾아 적극적으로 행동하는 여동생의 이야기.

**아스트리드 린드그렌, 《내 이름은 삐삐 롱스타킹》**(고학년)

하고 싶은 대로 신나게 살아가는 삐삐의 이야기.

**마크 펫·게리 루빈스타인, 《절대로 실수하지 않는 아이》**(전 학년)

여자아이도 실수할 수 있고, 이를 즐겁게 극복할 수 있다는 것을 보여 준다.

### 최나미, 《엄마의 마흔 번째 생일》(고학년)

돌봄과 희생을 거부하는 엄마의 모습이 등장한다.

### 안녕달, 《할머니의 여름휴가》(전 학년)

손자를 인자하게 돌보는 할머니의 모습 대신 신나게 여름휴가를 즐기는 할머니의 모습이 인상적이다.

### 서이레, 《정년이》(고학년)

여성이 주인공인 여성국극에 도전하는 '정년이'의 이야기. 예술계의 성차별을 이겨내는 주체적인 여성의 모습을 보여준다.

# 여자로 태어나
# 남자의 세계에서 사는 딸들

●
●
●

반 아이들과 도서관에서 진행했던 수업 이야기다. 아이들에게 읽었던 책 중에서 한 권을 골라오게 한 뒤 고른 책들을 모아놓고 여자 작가가 쓴 책과 남자 작가가 쓴 책으로 나누어 보라고 했다. 여자 작가의 책은 오른쪽에, 남자 작가의 책은 왼쪽에 두기로 하고 분류를 시작했다. 결과는 어땠을까? 왼쪽에는 높은 책탑이 쌓였지만 오른쪽은 달랑 몇 권으로 끝났다. 아마 도서관에 있는 책들을 다 모아놓고 분류해도 비슷한 결과가 나올 것이다.

위스콘신대학교 매디슨캠퍼스의 어린이 책 연구 기관인 The

Cooperative Children's Book Center(CCBC)는 어린이 책의 성차별 연구에서 "앞으로 50년 동안 여성만 나오는 작품을 창작해도 과거 50년 동안 남성이 주인공으로 나왔던 작품들 수가 훨씬 많다. 그러나 현재에도 여성만 나오는 작품은 훨씬 적으며 여성들은 성장 과정 동안 자신의 이야기를 책에서 본 적이 없다"라고 말하며 성평등한 문학의 필요성을 촉구했다. 책만 그런 것이 아니다. 여성가족부의 지원을 받아 영화 성평등 지수를 측정한 프로젝트 팀 'F를 찾아서'에 따르면 2015년 1월부터 2019년 8월까지 개봉한 한국 영화 662편의 감독 708명 중 남자 감독은 608명에 달했으나 여자 감독은 100명뿐이었다.

교과서 속의 지식 역시, 남성인 학자들이 개발한 남학생 교육용 자료가 많다. 예를 들어, 도덕 교육에서 가장 중시되는 로런스 콜버그의 도덕발달단계는 이성적인 존재로 생각되었던 남학생들을 위한 교육이었다. 초등 교육과정에서 가장 중요하게 가르치는 장 피아제의 교육학 역시 남아를 대상으로 한 연구였다. 당시 교육학자들은 여성의 교육은 집안일을 하고, 아이를 기르는 역할을 할 수 있는 정도면 충분하다고 생각했기 때문이다. 그러나 현재는 교육대학교와 사범대학의 도덕 교육과정에서 남녀학생 모두를 대상으로 한 교육과정으로 자리 잡았다.

특히 학교는 뿌리 깊은 성차별의 장소였다. 과거에 여학생은

'아무리 애써도 남학생을 뛰어넘을 수 없는' 존재로 취급받았다. 그러다가 수학을 비롯한 다양한 과목에서 남학생 평균을 뛰어넘으며 '요즘 중·고등학교는 여학생이 여러모로 훨씬 잘한다'라는 말을 듣기에 이른다. 그러나 여전히 학교 안에서 많은 교사가 '여자는 수학, 과학을 못한다' '여자는 남자에 비해 공간 감각이 부족하다' 등의 잘못된 고정관념을 학생들에게 주입시키며 성차별을 이어가고 있다.

학교 밖으로 나가면 차별은 더 심해진다. 취업과 승진에 대한 차별이 사회에서 여성의 입지를 좁게 만든다. 그러다 보니 여학생들이 동일시 할 수 있는 여성 사회인들이 턱없이 부족하다. 그러나 남성은 분야의 제약 없이 다양한 영역에서 활약하고 있다. 이는 여학생과 남학생의 시야를 더욱 다르게 만든다.

장래 희망을 발표하는 학교 행사를 하면 남학생들의 꿈은 여학생들보다 훨씬 다양하다. 정치인, 법조인, 과학자, 스포츠 스타 등등…. 그 분야에서 큰 성공을 이루겠다는 포부를 밝히는 것도 대부분 남학생이다. 여학생은 아이들을 돌보는 초등 교사, 유치원 교사, 화가, 요리사, 패션디자이너 등 '여성스럽다'고 여겨지는 직업을 주로 발표한다. 남학생들은 '판사가 되어 사회를 바꾸는 큰일을 하고 싶습니다' '축구를 잘해서 유명한 축구 선수가 되고 싶습니다'라고 발표하는 반면 여학생들은 '선생님이 되어 아이들을 가르치고 싶

습니다' '파티시에가 되어 맛있는 케이크를 만들고 싶습니다'라고
이야기한다. 장래 희망에는 귀천이 없지만 남학생들은 사회적으로
힘이나 유명세, 돈을 많이 가질 수 있는 높은 지위를 꿈꾸는 경우
가 많고 여학생은 남들에게 무언가를 해줄 수 있는 직업을 이야기
하는 경우가 많다.

앞에서도 했던 이야기지만 남학생은 미디어나 책 속의 남자 주
인공들과 실제 사회에서 활약하는 다양한 남성 인물들을 보며 성
장한다. 그러나 여학생이 보는 여자 주인공들은 공주나 마법 소녀
가 압도적으로 많고 실재하는 인물은 무척 부족하다. 딸들이 보아
온 인생의 선택지는 아들들이 보아온 것에 비해서 훨씬 좁다. 할리
우드의 유명 배우인 지나 데이비스는 이런 불평등을 해소하기 위
해 '지나 데이비스 미디어 젠더 연구소'를 세웠다. 그녀는 연구소
를 세운 목적이 미디어 속 성차별을 없애고 새로운 여성상을 만드
는 것이라고 말했다. 그녀는 새로운 여성상의 필요성에 대해서 이
렇게 설명했다.

"If they can see it, they can be it(만약 그들이 롤모델을 볼 수 있다
면, 그런 존재가 될 수 있다)."

미국의 인기 드라마였던 〈CSI〉에서 여성 법의학자 캐릭터가 큰

인기를 끌면서 미국 법의학계에 여성의 비율이 늘어났다. 여성 과학자가 주인공인 영화 〈고스트버스터즈〉 프리미어 시사회에서는 주인공과 똑같은 유니폼을 입은 여자아이들이 찾아와 자신의 꿈도 과학자라고 이야기했다. 영화 〈캡틴 마블〉에서 우주 최강의 파워를 가진 여성 캐릭터인 캐럴은 도전을 시도할 때마다 계속해서 여자라서 안 된다는 말을 듣는다. 그러나 그때마다 결연히 일어나는 그녀의 모습은 전 세계의 많은 여성에게 감동과 용기를 주었다.

바로 이것이 여성 서사의 필요성이다. 여성 서사란, 여성이 주인공이 되어 자신의 목소리로 여성들의 이야기를 하는 콘텐츠를 말한다. 실재하는 여성 롤모델을 보여주는 것 역시 매우 중요하다. 새로운 여성의 모습을 하나 더 보여준다는 것은, 여자아이들의 세계에 또 하나의 선택지를 넓혀주는 것과 같다.

그래서 나는 수업 시간에 여성 인물들을 자주 보여주려고 노력한다. 여성 인물을 보여주면 여학생들의 몰입도가 달라진다. 수업 감상을 읽어보면 '여성이 주인공인 이야기를 보며 나도 할 수 있겠다는 생각이 들었다' '나도 ○○처럼 새로운 분야에 도전하고 싶다'라는 반응이 나온다. 대부분의 서사에 남성 인물이 기본으로 등장하는 사회의 교육을 받다가 여성 인물을 접하게 되자 자신도 주인공이 될 수 있다는 것을 체감하는 것이다. 학교와 가정, 그리고 사회 전체에서 여성에 대한 이야기가 더 많아져야 하는 이유다.

# 사회에서 활약하는
# 여성들의 모습을 보여줘요

**| 유리 천장을 깬 여성들 조사하기 |**

우리 사회의 유리 천장을 깬 여성들의 기사를 활용해 보자. 인터넷에서 '여성 최초'라고 검색하면 나오는 다양한 인물들이 있다. 여성 최초 경찰서장, 여성 최초 공군 비행대대장, 여성 최초 9시 뉴스 메인 앵커, 여성 최초 중장비 기사 등. 이분들의 실제 인터뷰를 통해 그 자리에 오르기까지 어떤 과정을 겪었는지, 어떤 노력을 했는지 딸과 함께 이야기해 본다.

사실 '여성 최초'라는 타이틀이 있다는 것은 이 사회에 성차별이 존재한다는 뜻이다. 아직 초등학생인 딸에게 사회의 모든 성차별을 알려주는 것은 적합하지 않다. 다양한 분야의 여성들을 보여주고 그들의 활약을 느끼도록 해주는 것으로 충분하다. '여성 최초'라는 타이틀을 단 인물들의 인터뷰에는 자신의 성공뿐만 아니라 뒤에서 따라오는 여성들을 위해서라도 더 열심히 했다는 내용이 자주 등장한다. 앞세대 여성의 노력이 뒤따라오는 여성들을 위한 것이라는 말은 여자아이들에게 사회에 존재하는 여성의 연대를 확인할 수 있게 해준다.

① 인터넷으로 '여성 최초'를 검색하여 나오는 인물 중 한 명을 선정한다.

② 선정 인물에 관한 기사를 검색하여 학습 자료로 쓰기 적합한 기사를 한두 개로 간추린다.

인터뷰 기사는 질문이 성차별적이지 않은지, 여성도 할 수 있다는 동기유발을 많이 해주는지, 여성 본인의 목소리가 많이 담겨 있는지 등을 기준으로 선정한다. 대표적인 성차별적 질문에는 "원래 보통 여자분들과 달랐나요? 여성스러운 면이 없으신 편인가요?" "아이를 키우고, 남편을 내조하면서 직장에서 성공하기 어렵지 않았나요?" "여성인데 남성들을 따라잡느라 얼마나 힘들었나요?" 등이 있다. 인터뷰 전반이 괜찮다면 성차별적인 질문이 담긴 부분 몇 곳만

편집해도 괜찮다.

**③ 기사의 텍스트를 초등학생이 이해할 만한 수준으로 수정한다.**

너무 어려운 단어는 이해하기 쉽게 바꾸고, 적합하지 않은 질문이나 집중력을 흐리게 하는 질문은 뺀다. 전체 기사의 길이가 너무 길 경우 학습 집중도가 저하될 수 있으니 중요한 내용 위주로 한글 파일 1페이지 정도로 분량을 줄인다. 글씨 크기는 저학년의 경우 11~12pt 이상의 큰 글씨로 작성하고 고학년도 한글 파일 기준 11~12pt를 권장한다.

**④ 기사를 함께 읽어본다.**

읽고 나서 흥미롭게 느껴진 부분, 감동을 주었던 부분이 있으면 밑줄을 치거나 표시하게 한다. 또한 기사를 읽고 나서 해당 인물을 더 알고 싶어 한다면 자료를 함께 찾아본다.

**⑤ 인물이 한 일을 간단하게 정리한다.**

여성으로서 겪은 차별을 극복하고 이루어낸 일, 여성인 내가 느낀 점을 간단하게 정리한다. 한두 문장으로 표현해 보고 글쓰기가 어려우면 말로 하거나 낱말 카드나 낱말 모음집에서 어울리는 단어를 골라보자.

| 역사에서 훌륭한 역할을 한 여성들을 찾아보기 |

5학년이라면 역사 교육 과정이 있는 5학년 2학기 사회 교과에 맞춰서 활동해 봐도 좋다. 특히 2015학년도 교육과정 개정 이후 역사 교과서가 인물 위주, 큰 역사적 사건 위주의 거시적 관점으로 바뀌었기 때문에 여성 역사 인물 학습은 교과 연계에 용이하다. 역사 인물이 남성에 치중되어 있기 때문에 여성 인물 탐구는 성비 균형을 맞추는 데도 좋다. 또한 국가보훈처의 노력으로 최근 몇 년간 여성 독립운동가에 대한 역사 발굴이 활발해지면서 많은 여성 독립운동가의 활동상이 알려져 자료를 모으기 쉬워졌다. 김마리아, 황에스더, 권기옥, 남자현, 최은희 등 여성 독립운동가의 활동을 알아보자.

5~6학년 사회 교과의 인권 단원 역시 여성 인물 연계 수업에 좋다. 인권 운동에 힘쓴 여성들의 목소리를 들을 수 있다. 여성들은 사회적으로 차별받는 존재였기 때문에 인권 운동에 적극적으로 참여했다. 그래서 당시에 활동했던 훌륭한 여성 위인들이 많다. 1950년대 흑인 인권 운동을 이끌었던 로자 파크스, 본인에게 거액의 현상금이 걸려있었으나 멈추지 않고 흑인 노예들을 탈출시켰던 해리엇 터브먼, 여성의 성적 자기결정권에 관해 목소리를 꾸준히 높여온 루스 베이더 긴즈버그 등의 인물은 관련 서적이나 영상 자료도 많아 활용하기 좋다. 특히 할리우드에서 몇 년 사이 여성 실

존 인물에 대한 영화를 많이 제작하고 있어 고학년 자녀와 함께 보기를 추천한다.

### | 현재 사회를 변화시키고 있는 여성 인물들을 알아보기 |

현재 역사를 만들어가고 있는 인물들을 알아보는 것도 좋다. 탈레반의 위협 앞에서도 굴하지 않고 여성의 인권을 주장하며 2014년 만 17세의 나이로 노벨평화상을 수상한 말랄라 유사프자이, 최근 세계적인 환경 활동가로 활동하는 그레타 툰베리는 수업 시간에 많이 소개했던 인물들이다. 말랄라는 1997년생, 툰베리는 2003년생으로, 이들이 사회 활동을 시작했을 때의 나이가 초등학생들과 비슷한 연령이라 아이들의 몰입도가 높다.

그 밖에도 2019년 BBC가 선정한 세계 100인의 여성에 든 범죄심리학자 이수정 교수, 한 국가의 최고 지도자 자리에 오른 앙겔라 메르켈 독일 총리, 유튜브 CEO 수잔 보이치키, 핸드메이드 코스메틱 브랜드인 러쉬의 창립자 로웨나 버드 등 성차별을 이겨내고 다양한 분야에서 활발하게 활동하고 있는 여성들을 찾아보자.

### | 롤모델을 선정한 뒤 그의 활동과 그에게서 배울 점을 정리하기 |

앞에 나온 여성 인물들 중 롤모델을 선정하여 함께 알아가는 시간을 가져보자.

① 인물들이 소개된 책을 읽어보거나 관련된 자료를 찾아보기

② 이들의 활동과 삶을 짧은 글로 정리해서 써보거나 이야기해 보기

③ 이들이 추구한 목표를 알아보기

④ 목표를 달성하기 위해 어떤 노력을 했는지 정리하기

⑤ 이들의 삶에서 어떤 어려움이나 고난이 있었는지 생각해 보기

⑥ 이들에게 배울 점이 무엇인지 생각해 보기


이때 '여성임에도 불구하고' '어린 여성임에도'라는 인식에서 출발하지 않도록 한다. 예를 들어 유관순 열사의 경우, 훌륭한 독립운동가임에도 '여고생' '꽃다운 나이' 등이 더 부각되는 상황이 많다. 이런 식의 접근은 여성의 업적을 축소하고 선입견을 만들기 쉽다. 여기서는 말랄라 유사프자이를 예로 들어 직접 이런 활동을 해보자.


① 포털 사이트나 유튜브에 말랄라 유사프자이를 검색해 봅시다.

씨리얼, 젠더온, 여성가족부 사이트에서 여성 롤모델의 인터뷰 동영상을 많이 찾아볼 수 있다. 여성주의 성향의 사이트 역시 활용하기 좋다. 지식백과나 신문 기사 등 전문성이 확보된 사이트를 활용한다. 네이버 검색에 자주 뜨는 나무위키의 경우 내용 작성자가 대부분 20~30대 남성들이고 성차별적인 관점으로 작성한 글도 많아

서 여성 인물에 대해 탐구할 때 왜곡된 지식을 배울 수 있다. 어린이 책인 《말랄라의 마법 연필》《말랄라: 여자아이도 학교에 갈 권리가 있어요!》《어린이를 위한 나는 말랄라》 등도 참고할 만하다.

② 말랄라 유사프자이를 다섯 문장으로 소개해 봅시다.

2014년 노벨 평화상을 수상했다. 1997년 파키스탄에서 태어났다. 여자아이도 학교에 갈 권리가 있다고 주장하다가 여성 교육에 반대하는 탈레반에 의해 목숨을 잃을 뻔했다. 하지만 그 뒤에도 포기하지 않고 계속 여성의 교육권을 주장하고 있다. 2013년 UN 청소년 의회에서 여자 어린이의 교육권에 대해 연설했다.

③ 말랄라 유사프자이가 중요하게 생각하는 것이 무엇인가요?

교육을 받지 못한 여자아이들이 학교에 갈 수 있도록 하는 것입니다.

④ 그 목표를 위해 어떤 노력을 했나요?

영국 BBC 블로그에 익명으로 여성들도 교육을 받을 권리가 있다고 주장했습니다. 이후 세계 여러 곳을 다니며 여성과 어린이 교육의 중요성에 대해 연설했습니다. 현재는 아버지와 함께 '말랄라 재단'을 운영하며 여성 교육권을 위한 운동을 계속하고 있습니다.

⑤ 말랄라가 목표를 이루기 위해 겪어야 했던 어려움은 무엇이었나요?

여성의 교육을 반대하는 탈레반이 말랄라를 총으로 위협했고 실제로 큰 부상을 입었습니다. 그 후로도 꾸준히 위협을 당하고 있습니다.

⑥ 말랄라에게서 볼 수 있는 용기는 무엇인가요?

목숨이 위협받는 상황에서도 절대 자신을 굽히지 않은 점입니다. 또한 자신의 목표를 위해 계속 노력하며 열심히 활동하는 것입니다.

3장
남자아이를
난폭하게 만드는 거짓말

# '앙 기모띠'가 퍼뜨리는
# 가장 완벽한 혐오

∴

6학년 담임을 맡으면서, 보호자 상담 기간에는 티슈를 준비해 두었다. 아들을 둔 어머님들이 상담을 하다 우는 경우가 종종 있기 때문이었다. 마냥 귀엽고 천진했던 내 아들이었는데 사춘기가 오더니 확 변해버리고, 도저히 통제되지 않아서 너무 힘들다고 하셨다. 가장 많이 힘들어하시는 것 중의 하나가 어느 날 갑자기 내 아들의 입에서 튀어나오는 '혐오 표현'이다.

초등 중학년~고학년 정도의 아들을 둔 여성 보호자들이 아들을 지도하기 힘들어할 때 그 이유를 '성차'라고 생각하는 경우가 많다. 여성인 엄마와 남성인 아들의 성별이 다르기 때문에 서로를 이해하기 힘들다는 것이다. 남녀를 이분법으로 나누는 사회에서 살아온 엄마와 아들이 상대방을 이해하는 것은 당연히 어렵다. 그러나 아들의 '혐오 표현'은 성별에 따른 차이라고 용인하기에는 너무 큰 해악을 끼친다. 그렇다면 어떻게 해야 올바르게 지도할 수 있을까. 혐오 표현에 대한 교육은 그 표현에 '문제가 있다'라고 인식하는 데서부터 시작된다.

　나의 첫 성평등 수업은 그 당시 유행어였던 '앙 기모띠'를 사용하지 않도록 하는 것이었다. '기모띠'는 '기모치 이이(기분이 좋다)'라는 일본어 표현에서 나온 말이다. 일본 AV에서 많이 나오는 표현인데 강압적인 성범죄 상황에서도 남성의 성적 판타지 충족을 위해 여성이 하는 대사다. 이런 뉘앙스를 더욱 강화하기 위해 '앙'이라는 성적인 의성어까지 붙였다. 당시 상당수의 남학생이 '앙 기모띠'를 수시로 사용했다. '오늘 급식 메뉴 좋다. 앙 기모띠' '오늘 숙제 없다. 앙 기모띠' 등…. 몇 명은 입만 열면 그 표현을 쓸 정도였다.

　처음에는 아주 단순한 방법을 시도했다. 그 표현을 사용하면 반성문을 쓰기로 했다. 오늘부터 '앙 기모띠'는 우리 반의 금지어이고 그 표현을 쓰는 사람은 명심보감 500자 쓰기 한 페이지를 채워야 집에 갈 수 있다고 엄포를 놨다. 남학생들은 왜 '앙 기모띠'를 쓰지 말라는지 이해하지 못한 채였고, 밥 먹듯이 썼던 표현은 자기도 모르게 습관처럼 입에서 튀어나왔다. 애초에 자제할 생각조차 없는 남학생들도 있었다. 걸리면 명심보감 500자를 지렁이 기어가는 글씨로 대충 휘갈겨서 제출하곤 했다. 나의 첫 성평등 수업은 그렇게 장렬한 실패를 맞았다.

전략을 바꿨다. 수업 시간에 언어 지도를 하면서 '앙 기모띠'가 가진 문제점을 설명했다. 여성을 성적인 도구로 비하하는 표현이며 이는 여성의 인권을 무시하는 것이라고 말해주자 남학생들은 내가 왜 '앙 기모띠'를 못 쓰게 했는지 납득했다. 그 후로 '앙 기모띠'가 완전히 없어지진 않았지만 매우 의미 있는 반 분위기가 형성되었다. '너 지금 여자 욕하는 표현 했다'라며 스스로 혐오 표현을 점검하기 시작한 것이다.

초등 남학생들의 혐오 표현, 어디까지 와 있을까? 학교에 따라, 지역에 따라 차이가 있긴 하지만 한 가지 확실한 것은 초등 남학생들 사이에서 혐오 표현이 하나의 문화로 자리 잡았다는 것이다.

남학생들이 혐오 표현을 가장 많이 배우는 곳은 온라인 게임이다. 온라인 게임 채팅창이 특히 심각하다. 온라인 게임 관련 방송은 여성을 성적 대상화, 비인격화하고 여성에 대한 고정관념을 퍼뜨리거나 성차별, 성폭력을 가하는 여성 혐오 표현이 총망라된 곳이라고 해도 과언이 아니다. 게임 중에는 승패에 따라 감정이 상하는 일이 잦은데 이럴 때 쓰는 욕이 대부분 여성 혐오 표현이다. 여성에 빗대어 욕하면 더 심한 욕이 된다는 것을 초등학교 남학생도 알기 때문이다. 그래서 남학생들끼리 게임을 하면서도 서로에게 '미친년' '×발년' 소리를 한다. 아빠보다 엄마 욕을 더 많이 하는 것도 같은 이유다. '느금마(너희 엄마를 비하하여 부르는 뜻)'는 이미 전국적으로 퍼진 표현이다.

엄마들은 내 아들이 여성 혐오 표현을 쓰는 것을 보고 깜짝 놀랐다고 하는 경우가 많다. 사실 가정보다 학교에서 더 많이 쓰고 학교 밖에서는 더 많이 쓴다. 한번은 학급에서 '느금마 ×년'이라는 표현을 쓴 남학생을 지도하면서 보호자와 상담을 했다. 보호자는 우리 아이가 집에서 그런 말을 사용하지 않기 때문에 학교에서도 그럴 리가 없다며 믿지 않았다. 사실 보호자의 이런 반응은 자주 있는 일이다.

설령 내 자녀가 그런 단어를 직접 쓰지 않더라도 학급에서, 온라인 게임에서, 인터넷과 SNS에서 접하게 되기 마련이다. 이런 여성 혐오 표현을 제대로 짚어주는 것이 혐오를 경계하는 남성으로 키우는 교육의 시작이다. 이런 교육을 통해 여성과 소수자 혐오, 차별이 만연한 사회적 언어를 경계하는 인식을 가지게 되기 때문이다.

그런데 이런 아들들의 언어 습관과 맞닥뜨릴 때 상당수의 부모는 몹시 충격을 받아 인터넷과 게임을 최대한 제한시키거나, 눈물이 쏙 빠지게 혼을 낸다. 남자애들은 엄하게 잡아야 한다는 고정관념 때문에 한 번 혼낼 때 제대로 해야 한다는 생각에서다. 문제는 이런 여성 혐오 표현은 또래 사회에 너무 만연해서 강한 훈계로는 전부 막을 수 없다는 데 있다. 아들을 24시간 따라다니며 감독할 수도 없다. 혐오 표현의 문제점을 알려주고, 스스로 경계하게 하는 교육이 필요한 이유다.

아들의 이런 모습이 어쩔 수 없다는 부모들도 많다. '또래 집단 문화에서 소외되기 때문에' '남자아이들의 문화는 거칠기 때문에 우리 아이만 빠지라고 하면 해코지를 당하니까' '남자아이들에게 엄마나 여교사가 하지 말라고 하면 반작용으로 오히려 여성 혐오가 심해지기 때문에'라는 이유를 든다. 그래서 '남학생들도 나름의 사정이 있으니 이해해줘야 한다. 너무 몰아붙이지 말자'라는 의견도 자주 듣는다.

그렇다면 이렇게 말을 바꿔보면 어떨까. '아들의 친구들이 전부 인종차별을 해요. 그래도 또래에 끼려면 어쩔 수 없죠.' '아들의 친구들이 전라도 지역 사람들을 전부 '홍어'라고 부르면서 혐오해요. 그래도 이해해줘야죠.' '요즘 중·고등학교 남학생들은 다들 남을 때리고 다니잖아요. 거기서 빠지라고 하기가 좀 그래요.' '차별받는 흑인이나, 전라도 사람들, 얻어맞는 사람들도 힘들겠지만 남자애들도 또래 문화에서 힘들어요. 그러니 남자애들에게 너무 뭐라고 하지 마세요.' 결국, 여성 혐오를 하는 남학생 문화를 이해하자는 건 가해자를 옹호하는 것이다. '남학생도 힘들어요'라는 건 타당한 이유가 될 수 없다.

가정에서
학교에서
성평등
실천 Tip

# 여성 혐오 표현의 문제점을
# 함께 살펴봅시다

**| 게임에서 사용하는 여성 혐오 표현들을 살펴보기 |**

남학생들이 많이 하는 온라인 게임에서 나오는 여성 혐오 표현은 크게 1) 여성에 빗대어 비하하는 말 2) 상대방의 여성 가족을 욕하는 말 3) 여성 게임 유저를 비하하는 표현으로 나뉜다. 담임했던 남학생들을 대상으로 익명 조사해 본 결과 게임을 하는 학생의 80% 이상이 위의 세 종류의 표현을 들어보거나 써본 적이 있다고 답했다.

1번의 경우는 남학생에게 '여자처럼 플레이한다(게임을 못한다.

쪼잔하고 소심하게 한다.)' '이것도 못 하냐 ×년아' 등의 표현을 사용하는 것이다. 2번은 위에서도 말한 '느금마' 같은 일명 패드립(가족을 욕하는 말)이다. 여러 가족 구성원 중에서도 혐오 표현의 대상은 사회적 약자인 여성이 된다. 3번은 '여성 유저는 대부분 버스 탄다(여성 유저가 남성 유저 팀에 들어가서 이득을 보려고 한다)' 등의 표현이다. 여성 유저는 게임을 못하고, 남자를 통해 이득을 보려는 이기적인 존재라는 편견이 만든 말이다. 그러나 실제 여성 온라인 게이머들의 인터뷰 영상을 보면 여성임을 밝히고 게임에 참여했을 때, 게임을 시작하기도 전에 '버스 탄다' '여자가 있으니까 망했네'라는 비하 표현을 자주 듣는다고 밝혔다.

이때 남학생 본인이 게임을 하며 직접 들었던 표현이나 게임 스트리머 방송에서 들은 표현들을 활용하면 더 효과적이다. 야단맞을 게 무서워 말을 못 하는 경우에는 인터넷에서 조사한 용어를 써도 괜찮다. 솔직하게 말했을 때 그런 표현을 쓴다고 야단치면 오히려 마음을 닫아버릴 수도 있다. 교육 시에 너무 적나라한 표현을 다 쓸 필요는 없다. 순화된 표현을 가지고 와서 학습하는 것으로도 충분하다.

(예시 대화)

"'여자처럼 플레이한다'에서 '여자처럼'은 무슨 뜻일까요?"

- '잘 못한다' '바보 같다'라는 뜻일 것 같아요.

"이런 표현은 인권적인 부분에서 어떤 문제가 있을까요?"

- 여자를 나쁘게 생각하게 만들어요. 여자의 인격을 무시해요.

"이런 표현을 보면 어떻게 해야 할까요?"

- 그런 표현은 나쁘다고 쓰지 말라고 해야 합니다. 다음부터는 그 사람과 게임을 하지 않습니다.

**| 여성 혐오 표현은 사회적 약자에게 행하는 폭력임을 인지하기 |**

혐오 표현은 항상 사회적 약자를 향한다. 장애인, 어린이, 유색 인종, 성소수자 등에게 혐오 표현이 따라다니는 것도 이들이 사회적 약자이기 때문이다. '노키즈 존' '초딩' 등의 혐오 표현을 겪어 본 어린이들은 소수자를 향한 사회적 폭력에 잘 공감한다. 이런 표현의 문제점을 인식하면 스스로 혐오 표현을 경계하게 된다.

가장 쉬운 예시 중 하나는 미국의 백인과 흑인을 통한 비교이다. 흑인의 경우 '흑형' 등의 표현을 쓰며 희화화하는 콘텐츠가 많다. 그런데 백인에게는 이런 비하의 표현을 쓰지 않는다. SNS나 유튜브에도 '웃긴 흑인'에 대한 콘텐츠는 많으나 백인은 거의 없는 것과 비슷하다.

장애인에 대한 혐오 표현도 마찬가지다. 학급 지도를 하다 친구가 발을 다쳐서 절뚝거리면 '애자냐(장애인이냐)'라고 놀리는 상황을 많이 본다. 혐오 표현은 재미를 동반하는 경우가 많다. 예전 개그 프로그램에서 여성 개그우먼을 세워놓고 '못생겼다'라며 웃음거리로 삼는 것과 비슷하다. 초등학교 남학생들은 단순히 재미있다고 생각하기 때문에 이런 표현을 계속 사용한다. 개그 프로그램의 단골 소재였던 여성의 외모 비하가 대중의 인식 변화로 점차 사라진 이유는 아무리 웃음을 준다고 해도 한 사람의 외모를 비하하는 것이 반인권적이기 때문이다. 다른 비하 표현도 이렇게 반인권적이라는 점, 타인에 대한 존중이 재미보다 위에 있다는 점을 알려주어야 한다.

### | 존중하는 표현이 왜 중요한지 알기 |

"무조건 쓰지 마!"라고 금지하는 건 학습 효과가 별로 없다. 성평등 교육을 하면서 아이들에게 이유를 납득시키지 못하면 교육 효과가 떨어지는 경우를 많이 봤다. 특히 지식 전달이 아닌 인권이나 생활 지도처럼 언행을 지도할 경우는 당위성을 깨닫게 하는 것이 매우 중요하다. 언행을 바꾼다는 것은 자신의 생활 방식을 바꾸는 것이고 나아가 사고방식까지 영향을 미치므로 어린이 스스로가 변화를 받아들이고 이를 실천하기 위해서는 스스로 납득해야 한다. 모든 관계는 존중과 동의에서 시작해야 한다는 것, 비하와 편견은 상대방의 인권과 존엄성을 무시한다는 것을 알려주는 것이

3장. 남자아이를 난폭하게 만드는 거짓말

중요하다.

**| 미디어에서 쓰이는 여성 혐오 표현 살피기 |**

가장 대표적인 여성 혐오 표현은 '김치녀'일 것이다. '김치녀'는 한국 여성이 남성의 돈을 밝히고 남성을 경제력으로 평가하며 남성을 통한 신분 상승을 노린다고 규정하는 의미이다. 2015년 한국여성정책연구원에서 15~34세의 여성과 남성을 대상으로 설문 조사한 결과 남성 청소년의 66.7%가 '김치녀'라는 표현을 쓰는 것에 공감한다고 답했다. 실제로 '김치녀'는 유튜브, 인터넷 등에서 파생되어 광범위하게 쓰이며, 그 결과 단톡방이나 SNS의 대화에도 등장하게 되었다. '된장녀' '맘충' '김여사' 등도 아주 역사가 깊은 여성 혐오 표현이다. 'ㅇㅇ녀'라는 표현은 너무 일상적으로 쓰인 나머지 살해되어 트렁크에 실린 피해자 여성을 '트렁크녀'라고 표현하는 기사까지 등장했을 정도였다.

① 미디어를 보다가 '김치녀'라는 표현을 보게 되었던 경험을 떠올려 보자.

경험이 잘 떠오르지 않으면 '김치녀'라는 혐오 표현이 있는 콘텐츠를 함께 찾아보자. 혐오 표현의 수위가 높을 수 있으니 보호자가 먼저 자료로 쓸 만한 콘텐츠를 고른다.

② 이때 '김치녀'가 어떤 맥락에서 쓰였는지, 콘텐츠에서 '김치녀'를 어떤 식으로 다루고 있는지에 대해 이야기해 본다.

(예시 대화)

"이 유튜버는 '한국 여성 중에 김치녀가 많다'라고 표현했는데 '김치녀'에 대해 어떤 감정을 가지고 있는 것 같나요? '김치녀'를 어떤 사람으로 생각하고 있는 것 같나요?"

– 굉장히 한심하게 생각하고 있습니다. '김치녀'를 사회적으로 아주 나쁜 존재로 봅니다.

"여성을 '김치녀'라고 말하는 것은 여성의 인권을 무시하는 것입니다. 이 유튜버는 한국 여성들의 행동이 자신의 맘에 들지 않아서 '김치녀'라고 부릅니다. 타당한 행동일까요?"

– 아닙니다. 사람은 함부로 무시당하지 않을 권리가 있습니다.


③ 단톡방이나 친구와의 대화에서 '김치녀'라는 표현이 나오면 어떻게 대처할지 연습해 본다.

(예시 대화)

"내가 포함된 단톡방에서 반 여학생들을 '김치녀'라고 자꾸 표현하는 친구가 있습니다. 어떻게 해야 할까요?"

– 하지 말라고 말려야 합니다. 말리기 어려울 때는 단톡방에서 나갑니다.

3장. 남자아이를 난폭하게 만드는 거짓말

혐오 표현은 분노의 표현으로 쓰일 때도 많다. 내가 화가 난 만큼 상대방에게 돌려주고 싶다는 마음 때문에 혐오 표현을 사용한다. 실제로 혐오 표현을 사용한 학생들을 불러 이유를 물으면 '화가 나서 상대방도 열 받게 하려고 그랬다'라고 대답하는 경우가 많다. 혐오 표현이 가지고 있는 뜻을 알고 있음에도 화가 나니까 일단 사용하고 보는 안타까운 일이다. 이런 상황에는 아무리 화가 나도 상대방의 인권을 깎아내리는 표현으로 대응하면 안 된다는 것을 알려줘야 한다.

혐오 표현에 대항하는 것은 꾸준히 연습해야 가능한 일이다. 언어는 결국 습관이다. 교실에서, 온라인 게임에서, 단톡방에서 지속적으로 접하는 혐오 표현에 경각심을 갖고, 대항하기 위해서는 왜 혐오 표현이 나쁜 것인지 정확히 인지하고 꾸준히 경계하는 마음을 가져야 한다.

| 유해 채널 차단보다 유익한 채널 추천하기 |

대부분의 가정에서는 자녀의 인터넷이나 스마트폰 사용 시간이 정해져 있다. 아이들은 한정된 시간에 본인이 좋아하는 콘텐츠를 먼저 보기 마련이다. 특히 유튜브의 경우 첫 화면이 사용자가 평소에 시청한 영상을 바탕으로 한 추천 동영상들로 이루어지기 때문에 시간이 지날수록 내가 시청하는 채널이나 영상과 비슷한

콘텐츠를 추천한다. 그래서 혐오 표현이 없으면서도 재미있는 채널을 많이 본다면 비슷한 분위기의 유익한 채널을 함께 추천해 준다. 새로운 채널을 일일이 찾을 필요 없이 알아서 구성되기 때문에 따로 좋은 채널을 계속 찾지 않아도 유익한 유튜브 생활을 영위할 수 있다.

**추천 콘텐츠**

**'젠더온' 사이트의 혐오 관련 자료**

한국양성평등교육진흥원 사이트 '젠더온(http://genderon.kigepe. or.kr)'에는 혐오 표현에 대한 다양한 자료들이 잘 정리되어 있다. 젠더온의 검색 창에 혐오 표현이나 혐오로 검색하면 실제로 활용할 수 있는 자료가 많이 나온다.

- 교실 내 혐오, 이대로 괜찮을까요?(보호자)
- 초등생 성차별 언행지도법 1~2편(보호자)
- 일상 속 혐오, 서로에게 좋을 게 뭐지?(고학년, 보호자)
- 초등생들의 혐오 놀이(고학년, 보호자)
- 혐오 표현에 대항하기(중학년 이상, 보호자)

　3장. 남자아이를 난폭하게 만드는 거짓말

# "남자애들은 원래 못해"라는 거짓말

남학생들의 생활 지도를 할 때 여학생들과 크게 차별을 두지 않는다고 이야기하면 아들을 둔 대부분의 보호자가 이렇게 반응한다.

"선생님이 아들을 안 키워봐서 그렇죠… 얼마나 속이 터지는데요!"

그렇다. 집안의 아들들, 학교의 남학생들은 정말 속이 터진다. 10여 년간 수많은 남학생을 가르쳐 본 사람으로서 모를 수가 없다.

더군다나 좁은 교실에서 많은 남학생을 한꺼번에 지도하다 보면 어느 순간 여학생들은 제쳐두고 남학생들만 계속 챙기고 있는 나를 발견할 때가 부지기수다. 그런데 나는 왜 남학생들을 여학생처럼(?) 대해야 한다고 말하는 걸까?

아들들은 왜 정리를 안 하고 살까. 대부분의 초등학생은 집안일을 '여성적'인 일이라고 인식한다. 집안일을 하는 데 필요한 특성도 '여성적'이라고 생각한다. 꼼꼼하고, 깔끔하고, 예쁘게 잘 꾸미고…. 이런 특성은 여학생에게는 칭찬이 되지만 남학생에게는 그렇지 않다.

아주 어릴 적부터 '남성적인' 행동을 기준으로 삼고 성장한 남학생들은 어느 나이 이상이 되면 '남자로서의 행동'을 또래 집단 내에서 서로 평가하기 시작한다. 이때 가장 듣기 싫어하는 말이 뭘까? 초등학생 버전으로 하면 바로 이 말이다.

"뭐야, 너 여자애냐?"

남학생이 전형적인 남성상에서 벗어난 행동을 하게 되면 초등학생들은 이렇게 놀린다. 남학생들이 가장 잘 하는 말인 동시에 가장 듣기 싫어하는 표현이다. 이런 놀림을 받기 싫어서 남성성을 나타내는 일은 열심히 수행하지만 그 외의 것은 자신의 일이 아니라

3장. 남자아이를 난폭하게 만드는 거짓말

고 여기는 것이다. 집에 돌아와 옷을 깔끔하게 정리하는 것은 남성성에 해당하는 일이 아니므로 잘 수행할 이유가 없는 것처럼.

남학생들은 아주 어려서부터 두 가지 양극화 속에서 행동을 형성한다. '남자애들은 원래 그래'라는 관용과 '남자애가 왜 그래?'라는 엄격함이다. 정리 정돈을 못해도 '남자애는 그렇지 뭐'라는 인식 속에서 성장하다 보면 어느새 그런 종류의 일을 하지 않는 것에 익숙해진다. 이것이 자라나면서 습관이 되면 교사나 보호자가 이야기해도 귀담아듣지 않게 된다. '남자애들은 원래 집중해서 듣지 않는다' '신체 구조가 집중해서 듣기 어렵게 생겼다'라는 주장을 하는 경우도 있지만, 10년 넘게 수백 명의 남학생을 가르치면서 '남자애니까 원래 그렇지 뭐'라는 인식이 강한 분야의 활동일수록 남학생들이 열심히 하지 않는다는 것을 알게 되었다. 교사가 지도해도 나와는 크게 상관없는 일로 생각하고 넘겨버린다.

성평등 교육을 시작한 후 남학생들의 정리 정돈에 대한 나의 생각이 많이 바뀌었다. 예전에는 교실을 청소할 때 손이 많이 가거나 까다로운 구역은 항상 여학생들을 뽑아서 시켰다. 돌이켜 보면 왜 그랬는지 후회가 된다. 여학생이라는 이유만으로 어렵고 힘든 청소를 좋아해야 할 의무가 없거니와 남학생이라는 이유로 청소를 더 잘할 수 있는 기회를 박탈해 버렸기 때문이다. 당시에 내가 그랬던 이유를 솔직하게 고백하자면 편해지고 싶어서였다. 학급 학생들을 데리고 몇 시간씩 수업을 하고 나면 끝날 즈음엔 에너지가 다 소진되어 몸이 녹초가 되곤 한다. 청소 시간이라도 좀 편해지고 싶은 마음에 원래 청소를 잘하던 여학생들에게 의지했던 것이다. 그러나 결과적으로 나의 손해였다. 여학생들에게 의존하는 청소가 반복될수록 남학생들의 청소 능력은 더욱 떨어졌다. 그래서 학생들이 하교한 후에는 남학생들이 대강 청소한 부분을 내가 다시 청소하는 일이 많아졌다. 그러면서도 '남자애들은 원래 청소를 못하니까 어쩔 수 없지'라고 생각했다.

성평등 교육을 시작하면서 주목한 것 중에 하나는 남학생들의 정리 정돈이다. 책상 위, 서랍 속, 사물함, 책가방… 남학생들의 교실 속 생활공간은 엉망인 경우가 많다. 특히 사물함 안이 정말 심각한데, 사물함 문을 열면 마구 쌓아놓았던 물건과 책들이 후드득 쏟아지는 상황이 자주 발생한다. 예전에는 기계적으로 '사물함 깨끗이 정리하세요'라는 이야기만 하고 남학생의 사물함을 방관했다면 이제는 '남학생이라고 사물함이 지저분할 이유는 없습니다'라는 말과 함께 적극적으로 지도한다.

물론 몇 번의 지도로 남학생의 생활 태도가 곧잘 바뀌지는 않는다. 특히 교실을 벗어나면 성평등적인 관점에서 남학생을 대하는 경우가 별로 없기 때문에 더욱 시간이 오래 걸린다. 그런데 놀랍게도 남학생 한두 명이 즉각적인 변화를 보이기 시작했다. 교사의 지시에 따라 청소를 했더니 교사로부터 '청소를 아주 잘한다'라는, 남학생에게는 다소 생소할 수 있는 칭찬을 듣고 성취감을 느꼈기 때문이다. 신이 난 남학생들은 더욱 열심히 청소했고 나중에는 내가 말려도 교실 곳곳을 알아서 청소하고 다닐 정도였다. 한번은 빗자루를 들고 교실을 나가 교실 앞 복도 전체를 쓸고 들어오기도 했다.

이렇게 변화가 빠른 남학생도 있는 반면 정말 끝까지 변하지 않는 남학생도 있었다. 진서(가명)는 정말 마지막의 마지막까지 변화가 없던 학생이었다. 전형적인 '남자애들은 원래 손이 많이 가지' 유형에 해당하는 아이였다. 교사가 앞에서 말을 하면 듣고 싶을 때만 듣고 듣기 싫을 때는 자기가 하고 싶은 걸 했다. 그러다가 수업을 놓쳐 물어볼 것이 생기면 아무 때나 질문을 했다. 그것 때문에 수업의 흐름이 끊긴 적이 정말 많았는데 본인은 그런 것을 별로 개의치 않아 했다. '남자애는 원래 그러니까~' 하며 늘 챙김을 받은 전형적인 남학생의 모습이었다. 청소도 마찬가지였다. 자기 자리를 쓸라고 이야기하면 진서는 그냥 멍하니 쭈그려 앉아서 아무것도 하지 않았다. 진서는 자신이 하기 싫은 것은 하지 않고, 하고 싶은 것만 골라서 하는 학교생활을 했다. 아무것도 안 하고 있어도 엄마나 여자 짝, 담임 선생님이 항상 자기를 챙겨주었기 때문이다. 그래서 진서는 담임에게 궁금한 게 생기면 아무 때나 질문해서 대답을 듣고, 모둠 활동 시간에는 놀면서 여학생들이 과제를 완성하는 걸 보고, 청소 시간에는 손 하나 까딱하지 않다가 하교했다. 어차피 선생님이 학생들이 하교한 뒤에 교실 청소를 한 번 더하면서 자기 자리를 청소해 주기 때문이다.

그래서 진서처럼 남에게 청소를 의존하는 남학생들의 자리는 치워주지 않았다. 물론, 그다음은 어떨지 다들 짐작할 것이다. 그런 남학생들은 자기 자리가 지저분해도 별로 신경을 쓰지 않는다. 잔소리야 한 귀로 듣고 한 귀로 흘리면 그만이다. 그런 태도에 내가 제동을 걸었다.

"나는 남자니까 청소를 안 해도 된다는 생각은 잘못된 생각입니다. 그건 잘못된 고정관념이에요. 여자든 남자든 당연히 내가 있던 자리는 내가 치워야 합니다."

결국, 진서는 교실에서 '남자라서 안 치운다'라는 명목을 더 이상 내세울 수 없게 되었다. 담임인 내가 날마다 그 점을 명확하게 반복했기 때문이다. 그렇다고 진서의 정리 정돈을 옆에서 하나하나 도와준 것도 아니었다. 진서가 마무리할 때까지 기다려 줄 뿐이었다. 결국 진서는 더 이상 누군가의 도움을 받지 않고 자기 자리를 치우기 시작했다.

아들이 스스로 할 수 있는 버릇을 만들어야 한다고 말하면 한숨부터 쉬시는 분들이 많다.

"남자애들이 시킨다고 되나요…. 답답해서 내가 하고 말지…."

충분히 공감한다. 사실 나도 이 심정을 교실에서 하루에도 여러 번 겪는다. 그러나 '죽이 되든 밥이 되든' 스스로 해보라고 지도하면서 생겼던 변화를 생각하며 포기하지 않으려 한다. 이렇게 시도하기 전까지 우리 반 남학생 중에는 하고 싶은 일 외에는 내 일이 아니라고 생각하는 아이들이 많았다. 그런 아이들이 하기 싫은 일도 기꺼이 해내는 모습으로 바뀐 변화가 내게 희망이 되었다.

# 아들 도와주기 다이어트
## —스스로 하는 아들로 키우자

여기서 가장 중요한 것은 집안일에 서툰 남학생들을 도와주는 것이 아니다. 집안일도 내 일이라고 생각하도록 의식을 변화시키는 프로젝트라고 생각하는 것이 좋다. 아들을 지도하다 보면 잘 따라와 주지 않는 답답함에 '남자애는 역시 정리를 잘 못하네' 같은 고정관념을 은연중에 말하기 쉽다. 남자아이가 할 수 있는 가능성에 선을 긋는 표현이므로 하지 않도록 주의해야 한다.

3장. 남자아이를 난폭하게 만드는 거짓말

## | 책상 정리 정돈부터 시작하자 |

오랫동안 여러 명의 남학생을 지도해 본 결과 제일 정리가 쉬운 물건은 책과 공책이었다. 정리의 효과가 가장 눈에 띄는 것들이기도 하다. 그날 책장이나 사물함에서 꺼낸 책과 공책은 '원래 자리'에 돌려놓는 것을 원칙으로 한다. 훈련이 되면 책이 수백 권 있는 도서관에서도 능숙하게 원위치를 찾아 원래대로 꽂아놓는다.

## | 내 옷 관리에 도전하자 |

겨울이 되어 롱패딩을 입고 등교하는 아이들이 많아지면서 생활 지도 항목에 옷 관리를 추가했다. 일단 벗은 롱패딩은 잘 개어서 사물함 위에 올려놓도록 했다.(그 전에 옷을 바르게 개는 법을 수업하고 직접 본인 옷을 개어보는 활동을 했다.) 아침에 학생들이 쌓아놓은 롱패딩들을 점검하고 지저분하게 쌓여있을 경우 롱패딩을 벗어놓은 학생들이 전부 사물함 앞으로 가서 옷 보관 상태를 점검하도록 했다. 이때 남녀 학생 모두에게 정확한 기준을 제시해 주는 것이 좋다. 고학년들은 아래와 같은 기준으로 옷 관리를 할 수 있다.

(예시)

• 롱패딩이 세로로 1/2 혹은 1/3로 흐트러지지 않도록 접혔는가?
  팔이 빠져나오지 않았는가?

- 내 롱패딩으로 인해 전체 옷더미가 무너지지는 않는가?
- 주머니에 귀중품을 넣어둔 채로 그냥 올려두었는가?

집에서도 마찬가지로 자기 옷은 자기 스스로 관리하도록 지도하자. 실천 시간은 '집에 돌아와서 더 이상 외출을 하지 않을 때'로 정하면 편하다.

(예시)

- 양말은 벗은 후 뒤집어지지 않았는지 확인하고 세탁 바구니에 넣는다.
- 집에서 입는 옷으로 갈아입고 나서 상의와 하의는 세탁 바구니에 넣는다.
- 겨울 외투는 옷걸이에 걸어서 옷장에 넣어둔다.

이때, 적당한 칭찬은 긍정적인 효과를 가져오지만, 과도한 칭찬은 성역할 고정관념을 강화할 수 있으므로 주의한다. '역시 이런 건 원래 남자가 할 일이 아닌데 내가 잘해서 칭찬을 받는구나'라고 생각할 수 있다.

아들이 집안일을 잘 못하더라도 대신해 주는 걸 참는 게 가장 중요하다. 남학생들이 처음부터 못 하는 경우는 주어진 과제가 너

무 어렵거나, 자신이 하기 싫거나 둘 중 하나다. 그러나 중학년 이
상이라면 과제가 너무 어려워서 못 하는 경우는 드물다. 대부분 해
본 적이 없거나 자기가 할 일이 아니라고 판단해서, 그 일을 하기
싫어하거나 어렵다고 느낀다.

이때 남자아이들이 가르쳐 준 것만 한다고 해서 '역시 남자애
들은 지시한 것만 하네, 집안일에는 소질이 없어'라고 생각할 수
있다. 그러나 초등학생들은 남자아이와 여자아이 모두 구체적으로
시킨 일만 할 수 있다는 걸 이해해야 한다. 여자아이들이 집안일을
더 잘하는 것은 집안일을 직접 해왔거나 여성들이 집안일을 하는
모습을 가까이에서 많이 봤기 때문이다.

### | 그릇 치우기는 내 일이라는 인식 만들기 |

한국 남자들의 결혼 생활 환상 중 하나가 부인이 차려준 '아침
밥'이다. 음식은 자신의 영역이 아니라 믿기 때문에 스스로 차려
먹겠다는 생각을 거의 하지 않는다. 어릴 때부터 주방에 익숙해지
게 하는 것이 중요하다. 여학생들은 요리 실습이 있을 때도 경험이
많건 적건 일단 열심히 요리를 하고 활동이 끝난 후에도 열심히 치
운다. 그러나 남학생들은 먹기만 하고 가버릴 때가 많다. '주방 일
은 남자의 일이 아니다'라고 생각하기 때문이다. 자기 밥그릇은 자
기가 관리하기, 먹고 난 후에는 개수대에 가져다 놓는 일부터 시작

하는 것이 좋다. 이미 이 부분이 교육되었다면 냉장고에 있는 반찬통들을 식탁 위로 꺼내고 밥상을 꾸려보는 훈련을 반복적으로 해보자.

| 집안일이 '내 일'이라는 점을 인식시키기 |

아들만 둘이 있는 지인은 라면을 끓일 때 항상 본인이 끓여준다고 했다. 딸 하나 아들 하나 있는 집은 그걸 딸에게 시킨다고 했다. 심지어 딸이 아들보다 세 살이나 더 어린데도 말이다. 그럼 먹은 후에 그릇은 누가 치우냐고 물었더니 딸이나 자신이 한다고 대답했다. 이런 가정 분위기는 남자아이들에게 '집안일은 여자의 챙김을 받는 일'이라는 인식을 심어준다.

집안일을 귀찮다고 회피하거나, 어려워하거나, 엉망진창으로 하거나, 귓등으로 흘려듣는 것은 남자아이들의 타고 태어난 성향이 아니다. '내 일이 아닌데 시키니까 귀찮다'라는 의식의 발로이다. 또 꼼꼼하고 깔끔하게 집안일을 하는 것을 '남자답지 못하다'라고 생각하기 때문이기도 하다. 따라서 끊임없이 '이 일은 너의 일이다' '집안일을 못하는 건 자랑스러운 남성상이 아니다' '남자가 집안일을 하는 건 지극히 당연한 일이다'라는 인식을 심어줘야 한다.

4장

양성평등은

이루어졌다는 거짓말

# "남자 친구가 잘해주니?" 속에
# 숨은 함정

●
●
●

　초등학생도 이성 교제를 한다. 부모님이 아는 경우도 있고, 모르는 경우도 있다. 교제 기간이 대부분 짧아서 담임도 잘 모르는 사이에 사귀다 헤어지는 경우도 많다. 학생들도 굳이 담임에게 교제 사실을 알리지 않는다. 그래서 이성 교제 소식을 알고 싶으면 교실에서 학생들이 주고받는 대화에 귀를 기울인다.

　A
　"나 다음 주에 ○○이랑 ◆◆ 가기로 했어."

"와 거기 완전 재밌는데."

"지난주엔 ◇◇ 가서 완전 재밌게 놀았거든."

"○○이랑 완전 재밌게 논다. 좋겠다."


B

"야, 너 ●●이랑 사귀지?"

"응. 학원에서 만남."

"너 ◎◎이랑 사귀지 않았었냐?"

"걔는 옛날에 사귀었어."


이 대화만 듣고 A와 B 중 어느 쪽이 여학생의 대화고, 어느 쪽이 남학생의 대화인지 알 수 있을까? 결론부터 말하면 A는 여학생, B는 남학생끼리의 대화다. 여학생들은 사귀는 상대와 어떤 시간을 보냈는지를 중요하게 생각하고 남학생들은 사귀는 상대가 있다는 것이 중요하다. 여학생은 사귀는 사람과 하는 '연애', 즉 내가 애정을 주고받는 게 중요하다면 남학생은 다른 사람에게 내세울 수 있는 '나 연애하는 사람 있음'이 중요하다. '여친 있음'이 일종의 자랑이자 과시가 되기 때문이다.

사람과 사람 간의 관계 맺기에서 나타나는 개인적 특성은 성별과 별반 상관이 없다. 그런데 왜 남학생과 여학생이 이성 교제에서 중요하게 생각하는 것이 이토록 다를까. 사회가 부여한 성역할 안에서 이성 교제가 이루어지기 때문이다. 아이들은 이성 교제에 대한 우리 사회의 통념들을 들으며 성장한다.

"여자는 사랑받아야 행복하고 남자는 사랑을 줄 때 행복하다."

남성이 주는 애정이 여성의 행복을 결정한다는 말이다. 여기서 여성은 애정을 받는 존재, 남성은 애정을 주는 존재로 나타난다. 애정을 받는 존재는 수동적이고 주는 존재는 능동적이다. 그래서 여학생들은 이성 교제에서 '남학생이 원하는 여성'이 되려고 노력한다. 얼굴에 화장을 하고 예쁜 옷이나 치마 등을 입는다. '여자는 연애하면 예뻐진다'라는 말이 있는데, 결국 예뻐진다는 것은 내가 누군가의 마음에 들기 위해 사회적인 꾸밈을 한다는 의미다. 애정을 주는 쪽과 받는 쪽, 권력 관계에서 누가 더 위에 있을까. 애정을 주는 쪽이다.

초등학생의 이성 교제라고 해서 성역할 고정관념에서 자유롭지 않다. 예를 들어 사귀자는 말을 여학생이 먼저 하는 것은 상당히 적극적인 행동이다. 초등학생의 이성 교제는 대부분 같은 학년, 아는 관계에서 발생한다. 그래서 평소 허물없이 편하게 지내는 사이인 경우가 많다. 그러나 아무리 편한 사이라도 사귀자는 말을 할 때는 남학생이 해야 하는 것이다. 평소 자기주장이 강한 여학생도 이성 교제에서는 남학생이 주도하는 대로 따라가는 경우를 보면서 안타까웠다. 그러나 학생들을 탓할 수는 없다. 사회에서 보여주는 성역할을 학습한 것뿐이기 때문이다.

초등학생의 이성 교제는 저·중·고학년 중에 고학년에서 가장 많이 발생한다. 고학년은 신체적 접촉의 범위가 아주 다양하다. 손도 잡고, 팔짱도 끼고 드물지만 더 많은 신체적 관계를 맺기도 한다. 그런데 이런 경우, 보통의 남학생들은 상대방에게 아주 적극적으로 자신이 원하는 것을 말하는 편인데, 여학생들은 그렇지 않다. 남성과 여성의 성역할 고정관념이 얼마나 큰지 느낄 수 있는 부분이다. '남자의 당연한 본능' '남자는 늑대' '여자는 무드에 약하고 남자는 누드에 약하다'라는 말들이 상식처럼 통용되는 사회에서 남학생은 남성성으로 성에 대한 자유를 보장받는 반면 여학생은 성에 대한 욕구를 억제해야 한다는 사회적 압력을 받으면서 동시에 남자 친구의 성에 대한 욕구의 대상이 되는 모순 관계에 빠진다.

여성성이라는 명목으로 성에 대한 비자발적 태도가 사회화된 여학생들은 남자 친구의 신체 접촉 요구에 대한 자신의 의사를 정확히 표현하지 못하는 경우가 많다. '남자 친구의 리드를 따라야 하는 이성 교제'에서는 쉽게 거부하기 어렵고 '여성은 성적 욕망을 표현하는 존재가 아니'라는 사회 통념에서는 '좋다'는 표현을 할 수도 없다.

초등학생들의 이성 교제를 보며 가장 안타까울 때는 성역할 고정관념 때문에 본인이 정말 원하는 것이 무엇인지 알지 못하고 각자 남자 친구, 여자 친구의 역할에 맞추어 행동할 때다. 남자다워 보이기 위해 이성 교제를 과시하거나, 신체 접촉을 무조건 시도하기도 하고, 사려 깊고 배려하는 모습보다는 소위 마초적인 '상남자'처럼 행동하기도 한다. 자기가 정말 원하는 것인지 사회에서 말하는 남성성을 무작정 따라가는 것인지 본인이 인지하지 못하는 경우가 빈번하다. 여학생은 더 걱정스러울 때가 많다. 남학생보다 훨씬 표현의 제약이 많기 때문이다. 표현이 자유롭지 않은 상태에서 남자 친구의 리드에 따라가다 보면 여학생 스스로 본인의 생각이 무엇인지 알아차릴 기회가 없다. 그러다 보면 '남자 친구는 신체적인 접촉을 하자고 하는데… 남자 친구니까 들어줘야 하지 않을까?' 같이 상대방을 기준으로 사고하게 되어 주체적인 생각이 발달하기 어렵다.

가정에서
학교에서
성평등
실천 Tip

# 이성 교제 속에 숨은
# 잘못된 고정관념을 바꿔봐요

학생들에게 이성 교제 속 성역할을 물어보면 다양한 이야기가 나오는데, 그중에 어떤 성차별적 요소가 있는지 알아보고 이를 바로잡아 본다.

### | 연애는 남자가 리드하는 것이라는 통념 |

연애를 시작하는 고백, 데이트 코스 정하기, 손잡기나 팔짱 끼기 등 스킨십에 대한 결정은 남자가 내린다는 생각이 사회 전반뿐만 아니라 학교에서도 강하다. 남학생은 이렇게 하지 않으면 '남자

답지 못해 보일까 봐' 걱정하고, 여학생은 가만히 기다리지 않으면
'여자가 너무 적극적이라고 안 좋게 보일까 봐' 참는 경우가 많다.

| 이렇게 해결해 봐요 |

**- 성적 자기결정권의 중요성을 인식하기**

성적 자기결정권이란 인간으로서 자신의 성에 대해서 스스로
결정하고 행동할 수 있는 권리를 말한다. 이성 교제가 시작되는 고
백, 이성 교제 중에 일어나는 행동들, 스킨십의 결정 등 모든 과정
이 성적 자기결정권에 들어간다. 여성과 남성 둘 다 이를 가지고
있으며 우리나라 사회에서는 여성의 성적 결정권이 매우 축소되어
있기 때문에 바뀌어야 한다는 것을 알게 한다.

**- 성적 자기결정권을 점검할 수 있는 질문**

- 남자/여자 친구에게 하고 싶은 행동에 대해 솔직하게 말했는가?
- 남자/여자 친구가 한 행동에 대해 나의 감정을 솔직하게 표현했
  는가?
- 스킨십을 할 때 여자 친구의 의사를 물어보고 동의를 구했는가?
- 남자가 모든 행동을 결정해야 한다고 생각하는가?
- 여자는 남자 친구가 직접 행동할 때까지 기다려야 한다고 생각
  하는가?

- 상대방이 한 말이나 행동 때문에 기분이 나쁠 때 분명하게 거절 의사를 표현했는가?

### | 여자는 남자에게 잘 보이는 것이 중요하다는 인식 |

여학생은 두 가지 면에서 '남성의 마음에 드는 여성성'을 충족해야 한다는 압박을 받는다. 첫 번째는 여성스러운 외모이고 두 번째는 여성스러운 행동이다. 여성스러운 외모의 가장 큰 상징은 '긴 생머리'이다. 여성이 머리 스타일을 바꿀 때 가장 많이 듣는 이야기 중 하나는 '그런 머리는 남자들이 안 좋아해'이다. 여성의 외모 기준이 '남성이 어떻게 보는가'에 맞춰져 있다는 것을 보여준다. 행동적인 부분은 남성의 마음에 들기 위해 귀엽고, 무해한 모습으로 보이려는 것이다. 영화 〈퀸카로 살아남는 법〉에서 수학을 잘하는 주인공(린제이 로한 분)은 좋아하는 남학생이 생기자 일부러 수학을 못하는 척하며 낙제점을 받는다. 여자가 너무 똑똑해 보이면 거부감이 들까 봐 자신의 능력을 축소해 버린 것이다.

### | 이렇게 해결해 봐요 |

- 평소에 쓰는 말이나 습관 등을 통해 성별에 따른 외모 고정관념이 있는지 살펴보자.

(여학생)

- 나는 여자니까 머리카락을 길게 기르고 잘 관리해야 한다고 생각한다.
- 여성스럽게 보이기 위해 아침에 옷을 고를 때 치마나 짧은 바지를 주로 선택한다.
- 미디어에 나오는 여성은 굉장히 날씬한데 나는 그렇지 않아서 매력이 없다고 생각한다.

(남학생)

- 머리카락이 짧은 여학생한테 '남자애냐?'라고 놀린다.
- 여자 친구가 외모를 많이 꾸미지 않을 때 불만스러운 생각이 든다.

**- 행동에 대해 다음과 같은 고정관념이 있는지 점검해 보자.**

(여학생)

- 힘이 세지만 일부러 보여주지 않는다.
- 귀여운 말투를 쓰거나 애교를 많이 부린다.

(남학생)

- 여학생이 힘이 세거나 운동을 너무 잘하면 '헐크다! 형님!' 같은 말로 놀린다.

- 여자 친구가 공부나 운동을 나보다 잘하는 모습을 보면 남자로 서 자존심이 상한다.
- 여자 친구가 치마를 입거나 애교 있는 목소리로 말하는 등 여성 스러운 행동을 하는 모습이 좋아 보인다. 꾸미는 데 관심이 없거 나 남자아이처럼 뛰어다니는 걸 좋아하는 모습이 싫다.

### | 폭력적인 행동이 관심의 표현이라고 생각하는 문화 |

6학년 제자 중에 사귀는 여자 친구의 머리를 함부로 툭툭 치는 남학생이 있었다. 내가 사귀는 상대의 머리를 때리는 것은 좋지 않은 행동이라고 지적하자 주변에서 "얘는 그래도 챙겨줄 때는 진 짜 잘 챙겨줘요" "원래 좋아하면 그러는 거예요"라며 편을 들어주 었다.

남학생이 여학생에게 폭력적인 행동을 할 때 '너한테 관심이 있어서 그래'라는 명목으로 용인하는 잘못된 사회 분위기도 이런 행동을 계속하게 되는 이유였다. 이런 분위기 속에서 남자아이들 은 좋아하는 여자아이에게 호감을 올바르게 표현하는 방법을 배우 지 못하고, 괴롭히거나 놀림으로써 좋아하는 마음을 표현하는 잘 못된 표현 방식에 익숙해진다.

| 이렇게 해결해 봐요 |

**- 좋아하는 관계는 서로에게 잘해주는 것임을 알게 한다.**

미국의 한 병원 의료진이 같은 학급 남학생의 장난에 넘어져 이마를 꿰매러 온 여학생에게 "그 애가 널 좋아해서 그랬나 봐"라는 말을 했다가 해당 여학생과 부모에게 거센 항의를 받고 정식으로 사과한 일이 있었다. 여학생이 자신이 당한 것이 '폭력'임을 정확하게 인지했기 때문에 가능한 일이었다.

나 역시 학급의 학생들에게 항상 강조하는 말이 있다.


"좋아하면 그 사람을 소중히 대해줘야 하는 거예요. 놀리는 게 아니라 칭찬을 해주고, 밀치거나 장난을 거는 게 아니라 다치지 않도록 보호해 줘야 합니다. 그게 '애정'이라는 감정이에요."


**- 아래와 같은 질문을 통해 애정을 어떻게 표현해야 하는지에 대해 이야기를 나눠보자.**

• 가족들이 서로 사랑하고 아껴줄 때 어떤 행동을 하는지 생각해 보자.

• 책 속에서 서로 사랑하는 주인공들이 서로를 위해 어떤 행동을 하는지 생각해 보자.

• 이성 교제 역시 애정에서 시작되는 것이므로 이때 해야 할 바람

직한 말이나 행동이 무엇인지 생각해 보자.

질문이 어렵게 느껴지는 학생의 경우, 자주 읽는 책이나 쉬운 책 중에서 하나를 골라 설명해 주면 이해가 빠르다. 만화영화도 좋은 소재다. 예를 들어 〈겨울 왕국〉에서 안나가 언니 엘사를 위해 자신을 희생하며 얼음이 되어버린 모습은 사랑하는 존재를 어떻게 대해야 하는지 잘 보여주는 예시다.

**- 서로 사귀는 사이일지라도 하면 안 되는 행동을 정확하게 알려준다.**

미디어를 활용하는 방법이 좋다. 아직도 드라마나 예능에서는 남성이 여성을 폭력적으로 대하는 모습들이 로맨스라며 나오는 경우가 많은데 이런 행동을 예시로 들어보자.

- 여성의 신체를 함부로 잡아채거나 강제로 끌고 나가는 행동
- 여성의 의사를 묻지 않고 지속적으로 교제를 강요하는 행동
- 허락 없이 마음에 드는 여성의 뒤를 따라가는 행동
- 여성의 옷차림을 단속하거나 주변 친구 관계를 간섭하는 행동

특히 행동에 대한 통제가 폭력이라는 것은 초등학생들에게는 익숙한 개념이 아니다. 초등학생들은 사회규범을 학습하는 나이이

기도 하고 규칙에 맞추어 행동해야 하는 학교에서 지내기 때문에 통제라는 개념에 대해 타당하다고 생각하는 경우가 많다.

통제에 대한 개념을 학습하는 것이 어려울 때는 '자기결정권'을 통해 알 수 있도록 한다. 친근한 관계라도 나의 의사나 감정을 무시한 행동은 '폭력'임을 알려주면 아이들은 금방 이해하고 이를 실생활에 적용시킨다.

**- 올바르지 않은 관계는 끝내는 것이 가장 올바른 해결 방법이다.**

친밀한 관계의 사람에게 겪는 폭력은 단호히 끝내야 한다. 책이나 미디어에서 데이트 폭력에 해당하는 행동이 나올 경우 경각심을 일깨움과 동시에 최고의 해결책은 관계를 끝내는 것이라고 알려준다. 한번 폭력을 휘두른 가해자는 폭력을 가하고도 자신이 피해자를 사랑한다고 생각하거나 '피해자가 원인을 제공했다' '때릴만하니까 때렸다'라고 생각한다. 따라서 관계를 끝내지 않으면 지속적으로 폭력에 시달리게 될 수 있다는 점을 설명한다.

(예시 대화)

"이런 행동을 하는 사람과 계속 만난다면 어떤 일이 일어날까요?"

- 남자 친구가 하자는 대로만 따라갈 것 같아요. 여자의 의견은 무시당할 것 같아요.

"폭력을 겪지 않기 위한 가장 좋은 방법은 무엇일까요?"

- 나에게 폭력을 휘두르는 사람과 더 이상 만나지 않습니다.

"이런 행동을 하는 사람의 가장 큰 문제점은 무엇일까요?"

- 미안하다고 하고서 나중에 또 폭력을 휘둘러요.

### | 여자 친구의 외모를 자랑하는 문화 |

여성의 외모를 자랑한다는 것은 첫째, 외모에 대한 평가를 내리는 것이고 둘째, 다른 여성과 비교를 한다는 문제점을 가지고 있다. 여자 친구의 외모가 자신이 성취한 트로피 같은 느낌이 될 수도 있다. 특히 이런 문제는 아이들이 보는 책과 영화에서부터 많이 발견된다. 남자 주인공이 아름다운 여성을 위해 위험을 무릅쓰는 이야기나 영화가 정말 많다.

### | 이렇게 해결해 봐요 |

**- 자녀가 접하는 책을 살펴보자.**

성평등 교육을 하면서 내가 가장 먼저 했던 작업 중 하나다. 내가 가지고 있던 책 중에 몹시 수줍음을 타던 남자 주인공이 아주 멀고 힘든 여행을 떠나는 책이 있었다. 그 이유는 아름다운 공주를 보고 한눈에 반했기 때문이었다. 그림과 이야기의 전개가 좋아 책 읽어주는 활동에 많이 활용했는데 이제는 쓰지 않는다.

고전 이야기들은 더욱 세심하게 살펴야 한다. 전래 동화나 그림 형제 동화 같은 경우 나라를 막론하고 여성의 외모는 남자 주인공의 행동을 결정짓는 가장 중요한 요소로 등장한다. 특히 못생겼던 여자 주인공의 외모가 아름다워졌을 때 남자 주인공의 태도가 바뀌어 해피엔딩을 맞았다는 이야기는 주의해야 한다. 반대로 남자 주인공이 외적이나 조건적으로 열세에 있는 상황일수록 여자 주인공의 사랑은 참된 것으로 표현된다.

**- 미디어를 잘 점검해 보자.**

자녀들이 많이 보는 애니메이션도 책과 비슷한 문제를 가진 작품이 많다. 〈백설공주〉〈신데렐라〉〈잠자는 숲속의 미녀〉와 같은 이야기들은 전부 여성의 미모가 가장 중요한 요소였다. 그러나 반대는 어떨까. 〈미녀와 야수〉를 생각해 보자. 남자 주인공은 저주를 받아 야수로 변한 뒤에도 여자 주인공의 사랑을 얻는다.

최근 디즈니 작품들에서 여성 캐릭터가 주체적으로 변했다고 안심할 것은 절대 아니다. 작품에 등장하는 여성과 남성의 나이 차이를 짚어보는 것도 중요하다. 초등의 이성 교제에서는 나이 차이가 큰 문제가 되지 않지만 성인의 연애나 심지어 중·고등학교의 연애에서도 여성의 나이가 어릴수록 긍정적으로 보는 경우가 많기 때문이다.

# 예능이 재미있게 가르치는
# 성차별

●
●
●

한 TV 연예 프로그램에 남자 연예인의 일상생활이 나온다. 나이가 많은 성인이고 사회에서 유명한 사람이다. 그런데 하는 행동마다 너무 미성숙해서 한숨이 나온다. 기본적인 집안일조차 못해서 엉망진창인 데다가 부모님 댁에 가서 물건을 망가뜨리거나 주변 사람들이 그만하라고 말리는 데도 철없는 장난을 재미있다며 계속한다. 그리고 이런 아들들의 모습을 모니터로 바라보는 엄마들은 한숨을 쉬며 이렇게 말한다.

"어휴, 빨리 여자를 만나야 쟤가 좀 사람답게 살 텐데…."

유명한 TV 예능 프로그램인 〈미운 우리 새끼〉 이야기다. 내가 그 프로그램을 보며 걱정스러운 것은 이미 충분히 성인인 남성들의 미성숙함을 인간적으로, 정감 있게 포장한다는 것이다. 프로그램은 이런 철없는 성인 남성들에게 애정이 담긴 별명까지 붙여주며 시청자를 한편으로 만든다. 그리고 이런 남성들의 철없음은 결국 '남자는 원래 그런 존재니까' '옆에서 챙겨줄 여자가 없어서'로 귀결된다. 아들들의 앞날이 너무나 걱정되는 어머니들은 게스트로 나오는 여자 연예인들의 의사도 묻지 않고 며느리 삼았으면 좋겠다는 말을 남발한다.

"남자는 원래 평생 애."
"남편은 우리 집 큰아들."

〈미운 우리 새끼〉와 일맥상통하는 말이다. 우리 사회는 미성숙한 남자에게 상당히 관대하다. 이 관대함의 범위는 예의 없는 행동부터 물의를 일으키는 행동까지 폭넓게 포함하고 있다. 수많은 채널의 예능 프로그램에서 30~50대의 성인 남성들 여러 명이 나와 '좌충우돌'이라는 미명 아래 끊임없이 티격태격하며 싸운다. 유치

함과 상대방을 깎아내리는 행동을 웃음의 원천으로 삼는다.

초등학생들에게 예능 프로그램의 영향력은 크다. 아이들은 철 없는 남성들이 가득한 미디어를 보며 성장한다. 수준 미달의 행동을 하는 남성은 애정 어린 캐릭터로 만들어 주고, 물의를 일으킨 남성을 '마음고생했다' '충분히 뉘우쳤다'라고 옹호하며 계속해서 방송에 기용하는 사회와 마주한다. 남성의 잘못에 관대한 사회가 이런 미디어를 만들었고 미디어는 다시 이를 재생산시켜 남성들을 사회적 도덕성에 무감하게 만든다.

초등학생들이 즐겨 보는 TV 프로그램인 〈아는 형님〉을 생각해 보자. 출연진들은 전부 남성이다. 그리고 '형님'이라는 호칭이 어울릴 만큼 나이를 먹었다. 그런데 계속해서 게스트들을 곤란하게 만들고, 상대방이 당황할수록 성공했다며 좋아한다. 과거 연애사를 들춰서 놀리는 질문을 하거나, 대답하기 난감한 질문을 던지고 당황해하는 반응을 즐긴다. 그중 한 출연자는 다른 출연자의 가정사를 끊임없이 들춰내서 놀린다.

문제는 초등학생들이 이 남자 연예인을 무척 좋아한다는 것이다. '재미있으니까' '어제 봤는데 너무 웃겨서' 좋다고 한다. 잘못한 행동을 짚어줘도 '예능이니까 그냥 재밌게 보고 싶다'라는 반응도 많다. 애정은 비판을 하지 못하게 만든다. 재미를 위해 남의 기분을 불쾌하게 하는 행동, 배려 없는 태도, 외모를 놀리는 문화를 자연스럽게 학습시킨다.

여자 연예인의 경우를 보자. 여자 연예인들이 소위 '태도 논란'으로 실시간 검색어에 오르고 수많은 악플을 받았던 이유는 놀랍게도 다음과 같은 것들이었다. '영화 시사회에서 짝다리를 짚었다' 'SNS에 무뚝뚝한 답변을 달았다' '방송 할 때 잘 웃지 않고 무표정이다' 등등. 방송에 나온 집들이에서 손님들한테 음식을 적게 냈다는 이유만으로 엄청난 비난을 받고 사과문을 올린 여자 연예인도 있었다.

그럼 남자 연예인은? 이런 일로 논란이 된 적이 거의 없다. 남자가 짝다리를 짚거나 방송에서 얼굴을 찌푸리고 있는 것은 시청자에게 거슬리는 일이 아니기 때문이다. 집들이로 손님을 초대해 놓고 아무런 음식도 준비하지 않은 상황이 방송되어도, 시청자들은 그 남자 방송인이 문제라고 평가하지 않는다. 반면 여성의 경우 조금이라도 사회적으로 규정한 이상적인 모습에서 벗어날 때, 우리 사회는 불편해한다.

TV 예능 프로그램에 나온 여성 출연자 중에서 가장 사랑받은 인물 중 한 명은 〈백종원의 골목식당〉에 나온 한 여성 연기자다. 그녀는 정말로 상냥했고, 극도로 말을 아꼈으며 자신의 언짢음을 단 한 번도 표현한 적이 없다. 멘토와 진행자의 요청을 항상 들어준다.

이렇게 여성의 행동 하나하나를 가지고 상벌을 내리는 사회 분위기는 여성들에게 마땅히 따라야 할 규범들을 만든다. 그리고 스스로 검열하게 한다. 나는 이 바람직한 여성의 규범을 따라가려 애쓰는 사람들을 매일 본다. 바로 교실의 여학생들이다.

특히 고학년 여학생의 경우, 친구에게 이야기할 때도 표현을 매우 조심한다. 하고 싶은 말을 다 해버리는 남학생과 굉장히 다르다. 남학생들은 재미있게 놀다가도 불만이 생기면 즉각 표현한다. 그러나 여학생들은 며칠씩 고민하면서도 상대방 친구에게 이야기하지 않는 경우가 많다. 친구 관계뿐 아니라 교사에게도 그렇다. 다른 사람에게 불편을 끼치는 것을 두려워한다. 스스로 느끼는 감정을 대하는 태도도 성별에 따라 확연히 다르다. 여학생들은 타인에게 화가 나거나 부정적인 생각이 들면 '분노는 잘못된 감정이니까 하면 안 돼'라고 생각하는 반면, 남학생들은 '쟤가 나를 화나게 했으니 저 애 잘못이야'라고 생각하는 경우가 많다.

이제 우리는 인정해야 한다. 우리가 남성의 잘못을 거의 문제 삼지 않는 사회에 살고 있음을. 남성은 '철없음'의 방패 안에서 무한한 행동의 자유를 보장받고 있다는 것을. 그리고 여성에게 베풀어지는 관용은 가혹하리만큼 작다는 사실을. '미운 우리 새끼' 옆에서 '철없는 오빠를 챙겨주는' 자상한 여성이 되었을 때에야 비로소 여성들이 인정받을 수 있고, 한국 사회는 남자아이들의 도덕성이 올바르게 자라는 데 너무나 장애물이 많으며, 초등학생들은 지금도 그런 사회를 배우고 있다는 사실을 인정해야 한다.

가정에서
학교에서
성평등
실천 Tip

# TV 프로그램을 비판적으로 바라보는 눈을 키워봐요

이 활동에서는 1) 미디어 속 남성들의 미성숙하고 예의를 갖추지 않는 모습을 비판적으로 바라볼 수 있는 감수성을 키우기 2) 여성에게 훨씬 엄격한 사회 분위기를 통한 여성 혐오 인식하기에 중점을 맞춘다.

**| 예능 프로그램에 출연한 남자 연예인의 말과 행동을 살펴보기 |**

초등학생들이 많이 보는 예능 프로그램을 함께 시청하며 남성과 여성의 말이나 행동을 구체적으로 적어보는 것이 좋다. 프로그램이 너무 길다면 유튜브에 짧게 편집되어 있는 영상을 활용하자.

(예시)

- 집을 어질러 놓고 거의 정리하지 않습니다.
- 음식을 만들 때 지저분하게 만듭니다.
- 상대방의 아픈 과거를 웃음거리로 만듭니다.
- 출연한 여자 연예인의 외모를 보고 "_____"라는 말로 놀렸습니다.

(예시 대화)

"남자 출연자들의 말과 행동에서 무엇이 문제고, 어떻게 고치면 좋을까요?"

– 여성 출연자의 얼굴을 가지고 함부로 평가합니다. 외모를 평가하지 않습니다.

– 내가 해야 할 일을 하지 않고 미룹니다. 청소와 요리는 남자도 할 수 있다는 생각을 가져야 합니다.

"만약 고치지 않는다면 어떤 문제점이 생길까요?"

– 여성의 얼굴과 몸매를 계속 평가하는 남성들이 생깁니다.

– 자기 할 일을 미루는 남성들의 모습을 자꾸 보여주게 됩니다.

## | TV 속 여성이 받는 성차별에 대해 생각해 보기 |

한 예능 프로그램에 출연한 여자 연예인에게 남성 사회자들이 자꾸 애교를 부리도록 강요했다. 그 상황이 너무 싫었던 여자 연예인은 자신에게 왜 이런 걸 시키냐며 짜증을 냈다. 그 모습이 방송된 뒤 인터넷에서는 그 여자 연예인에게 '싸가지가 없다' '태도가 잘못됐다' 등의 엄청난 비난이 쏟아졌다. 그런데 그 예능 프로그램의 진행자 중 한 명인 남자 연예인은 늘 출연자들에게 짜증을 낸다. 매주 짜증을 내는데도 아무도 이 일을 문제 삼지 않았다.

(예시 대화)

"이 상황에서 볼 수 있는 성차별은 무엇일까요?"

– 여자와 남자가 똑같은 행동을 했는데 남자 연예인은 비난을 받지 않았어요.

– 남자 연예인이 더 나쁜 행동을 했는데 여자만 더 욕을 먹었어요.

"왜 여자가 짜증을 내는 행동을 하면 비난을 받을까요?"(다소 어려운 질문이므로 여자 연예인의 행동에 엄격한 사회 분위기에 대해 설명해 주는 것도 좋다.)

– 여자는 애교를 시키면 해야 한다고 생각해서 그런 것 같아요. 여자는 화를 내면 안 된다고 생각하는 것 같아요.

"여자 연예인이 차별을 받지 않으려면 어떻게 해야 할까요?"

– 여자 연예인이 무조건 착한 행동을 하지 않아도 비난하지 않아야

해요. 여자 연예인들이 더 많은 차별을 받는다는 걸 알아야 해요.

## | 성평등적인 미디어 작품을 보고 젠더감수성 키우기 |

영화 〈인크레더블〉(2004) 〈인크레더블 2〉(2018)는 초등학교 중·고학년이 1편과 2편을 비교해서 보기 좋은 영화다. 영화는 슈퍼 히어로인 '미스터 인크레더블(이하 인크레더블)'과 '엘라스티걸' 부부가 슈퍼 히어로 금지법이 제정된 후 평범하게 살게 되면서 벌어지는 일들을 다룬다.

1편에서는 인크레더블이 과거의 영광을 그리워하며 다시 히어로가 되고자 가족들에게 거짓말을 하고 무모한 행동을 하다가 궁지에 몰리게 된다. 결국 인크레더블을 구하기 위해 가족 전부가 출동하고 가족의 소중함을 알게 되면서 1편은 마무리된다.

그로부터 14년 뒤 개봉한 〈인크레더블 2〉는 더욱 성평등적인 관점을 담고 있어 좋은 비교가 된다. 1편에서 오로지 멋진 영웅으로 돌아가기 위해 무모한 행동을 했던 인크레더블과 달리 엘라스티걸은 가족의 안전과 경제적인 이유 때문에 히어로로 복귀한다. 그동안 집안일을 전적으로 부담하던 엘라스티걸이 없어지면서 인크레더블은 집과 가족을 돌보는 데 계속해서 서툰 모습을 보이며 실수를 연발한다. 엘라스티걸이 화려한 활약을 해내고 인크레더블이 가족을 돌보는 일의 중요성을 깨달으며 영화는 행복한 결말을 맞는다.

아래 질문을 응용해서 함께 학습해 보는 것도 좋다.

① 1편에서 인크레더블의 행동을 정리해 봅시다.

② 인크레더블의 행동으로 인해 가족들이 몹시 실망하고 궁지에 몰리게 되었습니다. 어떤 행동으로 고치면 좋을까요?

③ 엘라스티걸과 인크레더블은 둘 다 굉장한 능력을 갖췄습니다. 그러나 인크레더블은 항상 본인이 유명해지기를 바랐고, 엘라스티걸은 그렇게 생각하지 않았습니다. 왜일까요? 여기에는 어떤 성차별이 숨어 있을까요?

④ 2편에서 인크레더블은 집안일을 하면서 몹시 서툰 모습을 보였습니다. 집에 있는 걸 답답해하고 바깥에서 활동하고 있는 엘라스티걸처럼 되고 싶어 했습니다. 이런 생각을 어떻게 바꾸면 좋을까요?

⑤ 엘라스티걸은 1편에서는 몹시 자신감이 없는 모습으로 나왔지만 점점 시간이 지나면서 자신의 능력을 마음껏 발휘하기 시작했습니다. 이렇게 여성이 자신의 능력을 마음껏 발휘하기 위해서는 어떤 마음가짐을 가지면 좋을까요?

5장

성폭력은

피해자 탓이라는 거짓말

# '안 돼요, 싫어요, 하지 마세요'는
# 성범죄의 조력자

몇 년 전, 전국의 초등학교에 유행처럼 번진 캐치프레이즈가
있었다. 바로 '안 돼요, 싫어요, 하지 마세요'다. 성폭력 예방 교육
의 마무리는 항상 이 구호를 외치는 것이었다. 지금은 이 캐치프레
이즈를 쓰지 않지만 기본적인 성폭력 예방 교육의 방향은 여전히
'안 돼요, 싫어요, 하지 마세요'와 다를 것이 없다. 사회 각계에서
성폭력 예방 교육에 대한 개선을 요구하고 있는 지금, 현재 이루어
지고 있는 학교 성폭력 예방 교육의 문제점을 짚어보자.

성폭력을 당한 어린이는 왜 성폭력을 당하는 걸까? 이유는 단

하나, 가해자가 그 피해 아동을 범행 대상으로 삼았기 때문이다. 그런데 계속해서 '~하지 않기'로 끝나는 예방 교육을 받다 보면 자기 자신을 자책하게 된다. '내가 싫다고 더 크게 이야기했어야 했는데' '내가 그 아저씨를 따라가지 않았어야 했는데' 등등. 범행을 당하는 어린이 중에 과연 '안 돼요, 싫어요, 하지 마세요'를 크게 외칠 수 있는 아동이 얼마나 있을까? 어른 중에도 별로 없을 것이다.

자기 자신을 탓하게 되면 주변에 말하는 것에도 어려움을 느낀다. 결국 자책하며 혼자 앓는 일이 일어날 수 있다. 특히 초등학생은 연령이 높은 사람에게 그루밍(서서히 길들여 성폭력을 저지르는 방법) 범죄를 당하거나 친근한 또래 사이에서 충동적으로 일어난 성폭력에 노출되는 사례가 많아 자신을 탓하며 주변에 알리기를 어려워한다.

성폭력의 피해자가 되지 않기 위한 행동을 지속적으로 교육하는 것은 '이렇게 행동하면 성폭력의 피해자가 될 가능성이 높다'라는 잘못된 인식으로 이어질 가능성이 높다. 특히 하면 안 되는 행동들이 너무 촘촘하게 짜여있고, 이것을 지키지 않았을 때는 성폭력을 겪게 된다는 징벌적 교육은 2차 가해가 될 수 있다. 성폭력의 피해자에게 '그러게 왜 밤늦게 다녔니?' '왜 SNS에서 모르는 사람과 대화를 했니? 그러니까 그런 일을 당한 거 아냐?' 같은 선입견을 만들어 주기 때문이다.

그렇다면 성교육은 어떤 방향으로 바뀌어야 할까? 첫 번째, 가해자 예방 중심 교육이 이루어져야 한다. 피해자가 아무리 조심한다고 해도 가해자가 사라지지 않는 한 절대로 성범죄는 사라지지 않는다. 선진국의 경우 성폭력 예방 교육은 가해자 예방 교육 중심으로 이루어진다. 내가 처음으로 접했던 외국 성폭력 예방 교육은 호주의 예방 교육이었는데, 정확하게 남학생들을 교육 집단으로 상정하고 이들이 자라나면서 가해자가 되지 않기 위해 가져야 할 마음가짐을 가르치고 있었다. 예를 들어, 호주 정부가 발간한 캠페인 자료인 〈대화를 위한 안내: 청소년들과 대화하기〉에는 자녀와 대화를 통한 성폭력 예방 교육을 시행할 경우 아들이 여자 어린이에게 무례하거나 난폭한 행동을 하면 그 행위가 용납되지 않는다는 것을 확실하게 알려주라고 명시되어 있다. 구체적 시행 방법으로는 '아들이 왜 그렇게 행동했는지 이해할 수 있지만 잘못된 행동이라고 설명해 주십시오' '타인의 감정을 생각할 수 있는 사람이 되도록 격려해 주십시오' '그런 행동을 당했을 때 여자 어린이의 기분이 어땠을까 아들에게 질문해 보십시오' 등이 있다. 가해자 예방 교육이 성차별주의자들이 말하는 것처럼 '남성 혐오' 또는 '남자를 범죄자로 몰아서 성별 갈등을 일으키는 것'일까? 절대 아니다. '남자가 야동 좀 보는 건 당연한 거지' '옆에 술 취한 여자가 있는데 암 것도 안 하고 왔냐? 남자도 아니네' '야, ○○이 가슴 크지 않냐? ㅋㅋ' 같은 말을 하는 것이 아무렇지도 않은 사회에서 이런 말에 동조하지 않고, 가해자가 되지 않도록 경각심을 길러주는 것이다.

두 번째, 성폭력의 책임을 피해자에게 돌리는 문화를 없애야 한다. 우리나라는 아직도 많은 사람이 성폭력의 원인을 피해자에게서 찾는다. 예를 들어 한 여성이 모르는 사람의 차에 탔다가 성폭력을 당했다면 여성이 원인을 제공했다고 생각한다. 여성이 남성과 같이 술을 마시거나, 남성의 집에 놀러 가거나, 스킨십이 이루어지고 있던 분위기면 여성의 의사는 전혀 묻지 않았어도 여성이 '성적 관계를 맺어도 된다'라고 암묵적으로 동의했다고 보는 경우가 많다.

안타까운 사실은 초등학생들도 비슷한 인식을 가지고 있다는 점이다. 매년 학기 초, 학생들의 젠더감수성 조사를 위해 실시하는 설문에서 60% 이상의 학생들이 '여성이 노출이 많은 옷을 입는 것은 성폭력의 원인이다' '여성이 밤늦게 위험한 곳에 있는 것은 성폭력의 원인이다'라는 질문에 '그렇다'고 답했다. 80%에 가깝게 응답하는 학급도 있었다(초등성평등연구회 '초등 고학년을 위한 성평등 인식 조사'). 이런 인식은 피해자를 자책하게 만들거나 성범죄의 원인을 피해자에게 돌린다. 나아가 피해자에게 책임을 전가하는 잘못된 문화를 형성해 성범죄 해결을 어렵게 만든다.

세 번째, 가해자가 수치스러워하는 사회를 만들어야 한다. 얼마

전 한 중학교에서 남학생들이 수업 시간에 집단으로 자위를 한 사건이 일어났다. 그 남학생들은 자신의 범죄를 주변에 자랑하며 '남자다운 행동' '멋있는 행동'이라고 떠벌렸다. 집단 자위를 통해 남성 사회에서 자신들이 정말 세다는 것을 증명했기 때문이다. 거기다 '남자애들이 어려서 호기심으로 그랬을 수 있다'라는 해당 교육청의 반응은 가해자들의 행동을 더 정당화해 주었다. 반면 성범죄의 수많은 피해자가 오히려 더 수치스러움을 느끼며 숨는 경우가 많다.

가해자는 범죄자이므로 마땅히 비난의 대상이 되어야 하고 피해자는 어떠한 상황에서도 잘못이 없음을 반복적으로 알려주어야 한다. 다행히 사회는 변화하는 중이고 많은 사람이 성폭력의 잘못은 전적으로 가해자에게 있다고 생각하기 시작했다. 그러나 성폭력을 남성성으로 과시하는 문화와 솜방망이 처벌 등이 걸림돌이 되고 있다. 예비 초등 교사를 양성하는 교대 단톡방 성희롱 사건의 경우 가해 학생들이 받은 처벌은 겨우 2주 정학이었다. 그마저도 해당 학생이 불복하여 항의하자 취소되었다. 학생들이 적극적으로 목소리를 냈던 '스쿨미투'의 가해 교사들은 대부분 교단으로 돌아왔다.

이런 사회적 분위기를 바꾸기 위해서는 가해자를 영웅화하거나 온정적으로 바라보지 않도록 주의해야 한다. 피해자를 바라보는 시선도 바뀌어야 한다. N번방 피해자들의 법률 자문을 맡은 변호사분이 하신 말씀이 있다.

"피해자 중에는 자신의 잘못이 없다고 생각하거나, 부끄러워 숨는 것이 잘못된 생각이라는 태도를 가진 분들이 계셨다. 그런 분들의 태도가 매우 훌륭하고, 정상적이라고 생각한다. 사실, 수치심은 잘못을 한 가해자가 가져야 할 감정인데 우리 사회는 피해자를 '성적 수치심'을 느끼는 존재로 바라본다. 그러나 이런 당당한 피해자들의 모습을 보면서 이 사회가 나아가야 할 올바른 방향을 보는 기분이었다."

우리 사회가 가져야 할 인식도 이와 같아야 한다고 생각한다. '피해자는 일상으로, 가해자는 감옥으로'라는 말처럼 가해자는 처벌받는다는 두려움을 갖게 하는 사회, 피해자는 사회적 제도의 보호와 사회 구성원들의 보살핌 속에서 상처를 극복하고 일상으로 돌아가는 사회가 되어야 한다. 그러기 위해서는 피해자의 앞에 붙였던 '수치심'과 '두려움'을 가해자 앞에 붙이는 인식의 전환이 필요하다.

# 피해자와 연대할 수 있는
# 자녀가 되게 해주세요

성폭력의 원인은 가해자에게 있음을 알게 한다. 가해자가 상대방의 몸과 마음을 존중하지 않는 데서 모든 문제가 발생하기 때문에 이를 인식하는 교육이 필요하다. 피해자의 옷차림이나 행동은 절대 성범죄의 원인이 되지 않는다는 점을 지속적으로 교육해야 한다.

중요한 것은 피해자의 불행보다 가해자의 잘못된 행위에 초점을 맞춰야 한다는 것이다. 가해자가 어떤 불법적인 행동을 했는지, 어떤 처벌을 받아야 하는지가 중요하다. '피해자가 고통을 받으니까 하면 안 돼'라는 인식은 사건의 본질을 흐리기 쉽고 피해자의 불행을 전시함으로써 피해자를 불쌍한 사람으로 생각하게 할 수 있다. 피해자는 불쌍한 사람이 아니라 범죄의 피해로 불이익을 당했기 때문에 법적인 보호와 사회적 제도의 도움을 받아야 할 뿐이다.

**추천 콘텐츠**

| 도서 |

### 이인혜, 《좋아서 껴안았는데, 왜?》(저학년)

준수는 같은 반 지아가 좋아서 꼭 껴안았다. 그런데 지아는 화를 내며 가버렸다. 어리둥절한 준수에게 선생님이 사람과 사람 사이에 꼭 필요한 경계에 대해 설명해 준다. 상대방의 몸과 마음을 존중하는 태도를 학습할 수 있다.

### 린다 월부어드 지라드, 《내 몸은 나의 것》(중학년)

내 몸을 지키고 존중받는 방법을 자세히 설명한 책. 기분이 좋은 신체적 접촉과 기분이 나쁜 신체적 접촉을 구분하는 방법을 익히고 이를 실제 생활에서 어떻게 실천할 수 있는지 알려준다.

### 피트 월리스·탈리아 월리스, 《그건 네 잘못이 아니야!》(고학년)

이차성징이 일어나고 성적인 호기심이 왕성한 시기가 되었을 때,

어떻게 생각하고 행동해야 하는지 올바른 예를 제시한 책. 신체적 접촉에 대한 '동의'의 개념으로 시작해서 성폭력의 피해자와 공감하고 연대할 수 있는 모습을 보여주고 이를 실천하는 모습으로 마무리된다. 어려운 개념일 수 있지만 얇은 만화책으로 구성되어 있어 접근성이 좋다.

## 유튜브 채널 〈젠더온〉의 '어린이를 위한 동의' 시리즈

유튜브에 '어린이를 위한 동의'를 검색하면 어린이들이 알아야 할 '동의' 개념에 대해 자세히 설명해 주는 애니메이션들이 나온다. 어려운 개념을 쉽게 설명해 주기 때문에 학교에서도 많이 활용하는 자료다.

## 유튜브 채널 〈세바시(세상을 바꾸는 시간 15분)〉

사회적으로 영향력을 가진 연사들이 나와 올바른 사회를 만들기 위해 강연을 하는 TV 프로그램의 유튜브 채널이다. 다양한 성범죄의 유형과 피해자를 대하는 올바른 자세에 대한 콘텐츠가 많다.

# 여성의 성적 대상화에 대한
# 경계심을 갖게 해요

여성의 성적 대상화는 여성의 인격을 지우고 성적인 흥분의 도구로 대하게 만드는 근본적 원인이다. 성적 대상화와 더불어 남성의 성욕은 자연스러운 것이라는 인식이 맞물려 여성의 성적 대상화를 성폭력이 아닌 '남자들끼리 하는 농담' '남자들은 다 그래'라고 말하는 사회 분위기가 형성되었음을 알게 한다.

**| 여자 연예인의 외모를 묘사한 기사 제목 살피기 |**

'명품 몸매' '숨 막히는 뒤태' '아찔한 허리' 등은 인터넷 기사에서 흔히 쓰이는 표현이다. 여자 연예인의 몸매를 표현할 때 주로 쓰이며, 신체를 부위별로 나누어 등급을 매겨 평가한다.

**| 시선을 모으는 데 쓰이는 여성의 전신사진에 경각심 갖기 |**

공공기관의 안내 캠페인에 붙어있는 날씬한 여성의 전신사진부터 각종 주류 광고에 등장하는 여자 연예인, 걸그룹 멤버의 뒷모습이 등장한 통신사 광고 등 사람의 시선을 끄는 방법으로 젊은 여성의 신체를 이용한다.

## | 보이그룹과 걸그룹의 의상 비교하기 |

걸그룹 의상과 보이그룹 의상을 비교해 보는 것도 좋다. 걸그룹 멤버들은 주어진 의상의 치마가 너무 짧아서 속에 바지를 갖춰 입고 무대에 오른다. 바지조차 아주 짧게 입는 경우가 많다. 무엇보다 몸매가 부각되는 굉장히 타이트한 옷을 입는다.

안무 동작을 비교해 보는 것도 좋은 방법이다. 초등학생은 중·고학년부터 연예인에 관심이 많기 때문에 흥미를 유지하면서 함께 학습할 수 있다. 보이그룹은 파워풀한 안무를 주로 하는 데 비해 걸그룹은 골반을 많이 쓰고 섹시해 보이는 동작이 많이 들어간다. 부정적인 의견만 나누면 해당 연예인을 좋아하는 자녀의 반발을 살 수도 있다. 아쉬운 부분을 짚어주는 정도로 이야기하는 것이 좋다.


## | 모든 성별은 성욕을 갖고 있으며, 조절할 수 있음을 알게 하기 |

현재 학교 성교육은 남성의 성욕만 언급하고, 여성의 성욕은 언급하지 않은 채 출산과 임신 교육에만 초점을 맞추고 있다. 이는 남성만이 성욕을 가진 존재이며 따라서 성에 능동적일 수밖에 없다는 인식을 만들어 준다. 또한 남성의 성욕은 조절할 수 없기 때문에 반드시 욕구를 해소해야 한다는 통념이 여성을 성욕의 해소 도구로 삼는 것을 정당화한다.

## 추천 콘텐츠

### 충북 MBC 다큐멘터리 〈아이 엠 비너스〉(보호자)

충북 MBC 사이트에서 볼 수 있다. 여성의 생식기 중에서 오로지 성적인 쾌감만을 위해 만들어진 기관인 '클리토리스'를 다룬다. 출산 후에도 클리토리스가 무엇인지 잘 모르는 한국 여성과 공교육 수업 시간에 클리토리스를 배우는 유럽 여성의 차이를 보여준다. 여성의 성적인 쾌감과 욕망을 과학적으로 잘 풀어낸 다큐멘터리다.

### | 도서 |

#### 이다, 《Girls' Talk 걸스 토크》(고학년, 보호자)

여성의 신체 변화, 생식기, 성적인 욕망에 대해 솔직하게 다뤘다. 특히 사춘기 여학생들에게 일어나는 변화와 감정을 잘 표현함으로써 여학생들의 내 몸에 대한 이해도를 높이는 데 좋다. 남학생들에게도 여학생들을 이해하는 데 큰 도움이 되는 책이다.

#### 토마 마티외, 《악어 프로젝트》(보호자)

남성들의 언어적, 신체적 성폭력이 실제로 어떻게 일어나는지를 잘 설명한 책. 만화로 이루어져 이해하기 쉽고 무엇보다 여성들이 실제로 겪은 일들이 자세한 예시로 제시되어 있어 무척 공감하기 쉽다. 여기에서 남성은 '악어' 즉, 포식자로 표현되는데 이는 남성의 존재 자체가 잘못되었다는 것이 아니라 여성을 향한 언어적, 신체적 성폭력이 계속해서 존재하는 사회 문화 안에서 이에 편승한 남성들이 악어가 되어가는 상황을 표현한 것이다.

# 피해자와 직접 연대할 수 있는 경험을 제공해요

사회적으로 이슈가 되는 성폭력 사건을 초등학생 수준에서 재구성하여 가해자의 잘못을 짚어보고 피해자에게 연대할 수 있는 마음을 가지도록 한다. 피해자를 응원하는 짧은 글을 적어보는 활동은 정서적으로 좋은 학습이다. 성폭력이나 청소년 대상 성범죄 피해자들을 지원하는 단체를 후원해 보거나, 피해자에게 용기와 응원의 편지를 써보는 것도 좋다.

(예시)

민지는 스무 살 성인이 되어 처음으로 클럽이란 곳에 놀러 갔다. 신나게 놀던 중 유명 연예인 석운을 만나 함께 술을 마시게 되었다. 유명 연예인을 만나서 너무 신기했던 민지는 권해주는 술을 많이 마셔서 중간에 잠이 들어버리고 말았다. 그러고 나서 며칠 뒤, 민지는 석운이 잠든 자신의 몸을 몰래 찍은 영상을 가지고 있다는 사실을 알았다.

너무 큰 충격을 받아 경찰을 찾아갈까 고민했지만 혹시나 자신이 성폭력 피해자라는 사실이 알려질까 봐 고소도 못 하고 불안에 떨고 있었다. 결국 석운은 그동안 저지른 성폭력 범죄가 세상에 알려져 재판을 받게 되었다. 민지는 증인으로 나서고 싶었지만 얼굴이 알려지면 사람들에게 '클럽에 가서 노니까 그렇지' '모르는 남자랑 술 마시니까 그렇지' 같은 비난을 받을까 봐 결국 나서지 못했다.


(예시 대화)

"석운이 잘못한 행동은 어떤 것인가요?"(가해자의 잘못된 행위를 정확히 파악하도록 한다.)

- 잠든 사람의 몸을 몰래 찍은 것입니다. 불법 촬영한 영상을 가지고 있는 것입니다.

"또 다른 잘못이 있는지 생각해 봅시다."

- 민지에게 술을 먹인 것은 성폭력을 저지르려고 한 행동입니다.

"민지는 왜 증인으로 나서는 걸 무서워했나요?"

- 사람들이 '술 먹은 게 나쁘다' '클럽에 간 게 나쁘다'라고 비난할까 봐 그랬습니다.

"민지의 행동이 나쁜 것일까요?"

5장. 성폭력은 피해자 탓이라는 거짓말

- 예, 민지가 잘못했어요.

- 아니요, 민지 잘못이 아니에요.

이때 '예/아니오'에 대한 대답을 자유롭게 하도록 한다. 상당수의 학생이 처음에는 피해자에게도 잘못이 있다고 대답한다. 따라서 민지의 행동이 나쁘다고 대답하는 경우 성폭력 피해자에게는 아무런 잘못이 없음을 꼭 알려주어야 한다.

(예시 대화)

"민지는 아무에게도 알리지 못하고 무척 두려워하고 있습니다. 이럴 때는 용기를 줄 수 있는 단 한 사람만 있어도 충분합니다. 민지에게 어떤 말을 해주면 좋을까요?"

- 민지 잘못이 아니니 힘내라고 말해줍니다.

간단하게 한두 마디 말로 해보는 것보다 직접 적어보는 활동이 더 효과적이다. 이렇게 피해자와 연대할 수 있는 글을 적어보고 직접 읽어보는 활동을 지속적으로 하면 젠더감수성 발달에 큰 영향을 준다.

# '야동'이라는
# 두 글자가 가르치는 성폭력

고학년 담임을 맡았던 해의 일이다. 점심시간에 급식 지도를 하고 있는데 우리 반 아이들이 다급히 달려오더니 화장실에서 싸움이 났다고 알려주었다. 우리 반 남학생과 다른 반 남학생 둘이서 싸우고 있었다. 두 학생을 상담실로 불러 어떻게 된 건지 물어보자 한참 고민하다가 우리 반 남학생이 우물쭈물 말했다.

"아니 얘가… 야동을 막 다른 애들한테 퍼트리고 다녀서… 그러면 안 된다고 이야기했는데요…."

"야! 너도 나랑 같이 봤잖아! 그래놓고 왜 나한테만 그러냐!?"

우리 반 남학생은 야동을 퍼트리고 다니는 게 나쁘다고 지적했는데 그걸로 시비를 걸었다는 게 기분이 나빴고, 다른 반 남학생은 자신이 야동을 본 사실이 알려져서 기분이 나쁜 상태였다. 이 차이점은 어디서 왔던 걸까?

학기 초부터 꾸준히 젠더감수성 수업을 실시한 우리 반 아이들은 '야동'이 무엇을 의미하는지, 왜 나쁜 것인지를 인지하고 있는 상태였다. 그러나 다른 반 학생에게 야동이란 친구들끼리 보는 야한 동영상의 줄임말일 뿐이었다. 둘의 차이는 거기서 왔던 것이다.

초등학생 자녀가 야동을 보는지 많은 보호자가 걱정한다. 결론적으로 상당수의 초등학교에서 야동은 매우 보편적인 문화다. 대상은 물론 남학생이다. 빠르면 3~4학년부터 시작해서 5~6학년에는 더욱 보편화된다. 심한 경우 중독 수준에 이른 학생들도 있고 대놓고 학교에서 대화의 주제로 삼기도 한다. 고학년을 담임하다 보면 복도에서 들려오는 '야동' 소리를 꼭 듣게 된다. 그래서 고학년 성교육 시간에는 '야동'에 관한 교육을 반드시 한다.

'야동'. 야한 동영상, 야구 동영상으로 통칭되는 용어. 아직도 TV에는 많은 남자 연예인이 '남자는 당연히 야동을 보죠' '친구 ○○이가 아주 좋은 걸 많이 줬어요' 등의 농담을 아무렇지 않게 한다. 이런 야동을 구하는 것은 전혀 어렵지 않다. 초등학교 고학년 생들도 쉽게 공유하고 다니지 않는가. IP 변경(국가 변경)이나 SNS 에서 특정 시간대에 올라오는 포스팅을 이용한 포르노 시청, 유튜 브 성인 인증을 뚫어서 보는 방법 등이 초·중·고등학교 남학생들 이 많이 사용하는 방법이다. 그런 남학생들에게 꼭 알려주어야 할 성교육 지식이 있다. 야동은 필연적으로 성범죄와 연계되어 있다 는 점이다.

성교육 강의를 들으러 갔을 때 강사분이 이렇게 말씀하셨다. "여러분 국산 야동을 다른 말로 바꾸면 뭐가 되는지 아세요? 바로 디지털 성범죄물입니다. 국산 야동이라고 표시된 건 죄다 몰래 촬 영한 성범죄물이에요."

유명한 웹하드 사이트에 들어가 보면 상당수의 콘텐츠가 무료 다. 그렇다면 도대체 그 사이트는 무엇으로 돈을 벌까? 바로 '19금' 이라고 표시된 성인 콘텐츠다. 성인 콘텐츠는 유료로 운영된다. 대 다수의 웹하드 사이트의 19금 카테고리는 회원 인증을 하고 어느 정도 포인트를 쌓은 후에 입장 가능하다. 이유가 뭘까? 바로 그 안 에 디지털 성범죄 콘텐츠가 넘쳐나기 때문이다. 비밀을 유지하며 함께 디지털 성범죄의 공범이 되어야 하기 때문에 확인 후 입장을 시킨다. 이런 콘텐츠를 지워달라고 하면 어떻게 될까? 그 게시판을 이용할 수 없게 사용이 제한되거나 사이트에서 쫓겨나기도 한다.

그렇다면 정식 산업을 통해 제작되는 일본의 AV는 괜찮지 않냐는 반응도 있다. 그러나 일본 AV 산업은 기본적으로 성 착취 사업이다. 연예인 지망생을 속여 배우로 기용하는 경우가 굉장히 자주 일어나고 계약서의 내용과 실제 촬영 내용이 판이하게 달라 원치 않은 장면을 찍게 되는 일이 많다. 어린 여성을 고립시켜 협박이나 가스라이팅(타인의 심리나 상황을 교묘하게 조작해 그 사람이 스스로 의심하게 만듦으로써 타인에 대한 지배력을 강화하는 행위)을 통해 계속해서 작품을 찍게 하는 구조를 가지고 있으며, 여배우들은 적은 액수의 출연료만을 가져가는 데 반해 이들을 관리하는 남성 사업가는 거액의 돈을 가져간다. 문제는 이뿐만이 아니다.

일본의 AV 산업과 서양의 포르노 산업의 가장 큰 문제점은 남성의 흥분을 위해 여성을 비인격적으로 대한다는 점이다. 일본 AV의 경우 여성의 의사표현을 거의 등장시키지 않는다. 남성의 결정에 따라 성관계가 이루어지는데 심지어 성추행이나 강간도 '남성이 원하기 때문에' 문제가 되지 않는다. 여성이 반항을 하다가 결국은 성관계에 동의하는 모습을 보여주는 콘텐츠의 수도 무척 많다. 이는 여성의 거부 의사표현을 올바르게 받아들이지 못하게 만든다. 정말 싫어서 거부한 것을 '좋아하면서 튕기는' 식의 의사표현으로 생각하게 만드는 것이다.

포르노 관련 연구에 정통한 페미니스트 학자인 게일 다인스는 그의 책 《포르노랜드》에서 서양의 포르노 산업도 마찬가지이며, 특히 최근 포르노는 권력에 굴종하는 여성의 모습이나 여성의 신체에 폭력을 가하는 모습이 대부분이라고 밝힌다. 포르노는 남성들을 최대한 빨리 흥분시켜 최대한의 이익을 얻기 위한 산업이기 때문에 강한 자극들을 소재로 삼게 된다. 따라서 여성을 가학적이고 비인격적으로 대한다. 또 다른 페미니스트 저술가 페기 오렌스타인은 저서 《아무도 대답해주지 않은 질문들》에서 그렇기 때문에 포르노를 많이 본 남성은 여성을 노리개로 생각하는 경향이 더 높았고, 포르노를 본 경험이 있는 사람들은 여성이든 남성이든 성폭력 사건에서 여성에게도 책임이 있다는 인식이 높다는 연구 결과를 소개했다.

가정에서
학교에서
성평등
실천 Tip

# 디지털 성범죄가 무엇인지
# 정확하게 알려주세요

| **디지털 성범죄 예방 교육**(중학년) |

디지털 성범죄를 초등학생 수준에서 이해시키기 가장 좋은 방법은 다른 사람이 함부로 내 사진을 찍어서 단톡방이나 SNS 등에 올렸을 때, 가족이 나의 동의 없이 카카오톡 프로필 사진에 내 얼굴이 찍힌 사진을 올렸을 때 등의 예시를 들어주는 것이다.

(예시 대화)

"친구가 나의 자는 모습을 몰래 사진으로 찍어서 페이스북에 올린다면 어떤 기분이 들까요?"

- 몹시 기분이 나쁠 것 같습니다. 자는 모습이 창피해서 얼른 내려 달라고 할 것 같습니다. 다른 사람이 보고 놀릴까 봐 무서울 것 같습니다.

"친구가 페이스북에서 내리겠다고 약속하고 내 사진을 내렸습니다. 그런데 그사이에 다른 친구가 내 사진을 다른 곳으로 퍼 갔습니다. 어떻게 해야 할까요?"

- 다른 친구에게 찾아가서 내려달라고 합니다. 처음에 올린 친구에게 책임지라고 합니다.

"이미 내 사진을 여러 명이 퍼가서 여러 군데에 계속 올라오고 있습니다. 이럴 때는 어떻게 해야 할까요?"

- 어떻게 해야 할지 모를 것 같습니다. 내가 혼자 해결할 수 없을 것 같습니다.

"이럴 때 어떤 기분이 들까요?"

- 너무 막막하고 슬플 것 같습니다. 다른 사람이 나를 놀릴까 봐 신경 쓰일 것 같습니다.

## | 디지털 성범죄 예방 교육(고학년) |

디지털 성범죄 중 이해와 공감이 쉬운 불법 사진 촬영을 예로 들어 설명한다.

(예시 대화)

"근처 중학교 남학생이 같은 반 여학생의 치마 입은 다리를 몰래 찍어서 페이스북에 올렸습니다. 그 여학생이 사실을 알았을 때 어떤 기분이 들까요?"

- 너무 화가 날 것 같습니다. 무서울 것 같습니다.

"인터넷이나 SNS에 올라온 사진이나 동영상은 쉽게 퍼집니다. 자신의 신체 부위를 몰래 찍은 사진이 무분별하게 퍼질 경우 해당 학생에게 어떤 피해가 가게 될까요?"

- 내 신체를 남이 함부로 사용한 것이 됩니다. 다른 사람이 내 다리를 함부로 보게 됩니다. 나의 신체 사진이 내가 모르는 인터넷 사이트에 퍼질 수도 있다는 생각에 무섭고, 화가 날 것 같습니다.

"사진을 몰래 찍은 남학생이 한 잘못은 무엇인가요?"

- 몰래 사진을 찍은 것입니다. 그 사진을 SNS에 올린 것입니다. SNS에 사진이 퍼지는데도 책임을 지지 않는 것입니다.

"남학생이 한 일은 디지털 성범죄입니다. 어떻게 대응해야 할까요?"

- 선생님이나 보호자에게 알립니다. 신고 번호로 신고합니다.

**추천 콘텐츠**

'젠더온' 사이트의 강의 자료실 - [초등 고학년] 디지털성범죄 예방교육

디지털 성범죄의 정의, 디지털 성범죄의 예시, 디지털 성범죄에 대

처하는 방법, 도움을 받을 수 있는 기관이 잘 소개되어 있다. 지도 방법 매뉴얼, 학습용 PPT, 활동지가 함께 첨부되어 있어 학교 수업 및 가정 학습에 효과적으로 활용할 수 있다.

# 야동이라는 표현 대신
# 정확한 명칭을 알게 해요

**| 디지털 성범죄의 정의를 학습하기 |**

디지털 성범죄물은 '야한 동영상'이라는 표현보다 '불법 촬영물' '디지털 성범죄물'이라고 정확하게 불러야 함을 학습한다. 피해자와 가해자가 존재하는 범죄이기 때문에 내가 촬영을 하지 않았더라도 그 영상을 소비하는 것 자체가 디지털 성범죄에 가담하는 일이라는 사실을 알게 한다.

**- 디지털 성범죄의 범위**

- 상대방과 합의 없이 영상을 촬영하고, 이를 유통하는 모든 행위
- 상대방을 협박하거나 그루밍하여 영상을 촬영하고, 이를 유통하는 모든 행위

5장. 성폭력은 피해자 탓이라는 거짓말

- 지인의 얼굴과 성적인 사진을 합성하여 유통하는 모든 행위
- 위의 콘텐츠들을 다운로드 또는 사이트에 접속해서 시청하거나 공유하는 행위
- 위의 콘텐츠들을 통해 경제적인 이득을 취하는 행위

**| 야동 중에 디지털 성범죄물이 포함되어 있음을 인식시키기 |**

디지털 성범죄에 대해 알고 난 뒤 '야동'이라는 표현이 과연 올바른지에 대해 생각해 본다. 이 학습은 자녀와 성교육 화제에 대해 많은 신뢰가 쌓여 있을 때 더욱 쉽게 이루어진다. '야동'이라는 용어를 부모와 이야기하는 것을 부끄럽게 여기는 자녀도 많을 것이다. 이 대화는 올바른 성장을 위한 '학습'임을 먼저 정확히 인지하고 시작하는 것이 효과적이다.

(예시 대화)

"야동이란 표현을 쓰는 것을 듣거나 본 적이 있나요?"

– 학교에서 친구들이 하는 말을 들은 적이 있습니다.

"야동이라는 단어를 들었을 때 어떤 생각이 들었나요?"

– 야한 느낌이라 부끄럽다고 생각했습니다. 옆자리 남자애가 웃으면서 이야기하는데, 기분이 불쾌했습니다.

"디지털 성범죄를 배우고 나서 야동이라는 단어에 대한 생각이 어

떻게 바뀌었나요?"

– 야동 안에 범죄가 있다는 것을 알게 되었습니다. 함부로 그 단어를 쓰면 안 된다고 생각했습니다. 웃으면서 이야기하면 안 될 것 같습니다.


# 야동의 잘못된 성 인식과
# 착취적 생산 구조를 알려주세요

| 성인 영상물의 왜곡된 여성상, 남성상 알려주기 |

일본의 AV 콘텐츠의 경우 여성의 동의를 구하지 않는다. 여성이 거부하는 상황에서 강제적으로 성관계를 맺는 것은 너무나 보편적인 소재다. 영상 속 세계에서 여성은 자신의 감정과 무관하게 남자가 주도하는 성관계 안에서 쾌락을 느끼는 존재가 되고, 남성은 자신의 성욕을 해소하기 위해 상대방을 전혀 고려하지 않은 채 본능대로만 움직이는 존재가 된다.

AV나 포르노의 문제점을 지적하는 학습을 할 때 어느 정도의 예시를 들어야 하는지 고심될 수 있다. 중요한 것은 예시를 통해 전달하고자 하는 개념이다. '존중' '동의' '권리 침해' '범법적 행위'

라는 개념들을 잘 전달하면 되는 것이다. 이 개념들이 이해되도록 내 자녀가 받아들일 수 있는 수준의 예를 들어 설명하면 된다.

　나는 몇 년 전 유행했던 '앙 기모띠'의 유래를 설명하면서 수업을 풀어나간다. '앙 기모띠'는 일본의 성인 동영상에서 여배우가 신체적 접촉을 하면서 '기분이 좋아요(기모치 이이)'라고 말하는 데서 비롯되었다고 설명한다. 그런데 이 여성이 신체적 접촉이 발생하는 상황에 동의를 했든 거부를 했든 심지어 강제로 끌고 들어갔든 간에 항상 이런 대사를 한다는 점을 지적한다. 그리고 이런 상황이 현실에서 벌어진다면 어떻게 될지 비교해 본다. 현실에서는 '범죄가 된다' '성추행이 된다' '피해자가 고통받는다' 등의 다양한 반응이 나온다. 또 술 취한 여성이나 잠이 든 여성, 의식이 없는 여성을 보고 신체적 접촉을 하는 경우와 현실 상황을 비교한다.


(예시 대화)

"여러분이라면 술에 취해서 길에 쓰러져 있는 사람을 발견하면 어떻게 할까요?"

- 도와줘요. 경찰에 신고해요. 무서워서 피해 가요.

"여러분의 대답이 맞아요. 그런데 일본의 성인 동영상에서는 술 취한 사람에게 성폭력을 해요. 이 점에 대해서 어떻게 생각하나요?"

- 비정상이에요. 이상한 사람이에요. 범죄예요. 저는 안 그래요.

"AV나 포르노 속의 남성은 여성의 감정을 전혀 고려하지 않으며, 여성은 자신의 감정을 드러내지 않은 채 남성의 요구에 따라 움직이는 모습으로 나옵니다. 뭐가 문제일까요?"
- 여성은 아예 생각이 없는 것처럼 보일 수 있어요. 여성은 실제로 기분이 나쁜데 촬영이라서 말을 못 할 수도 있어요. 남자도 여자의 기분을 충분히 살필 수 있는데 무조건 명령하고 억지로만 하려는 모습이 정상적으로 보이지 않아요.

| '존중'과 '동의'가 없는 신체 접촉의 문제점 인식시키기 |

① '존중' '동의' 등의 개념을 학습한 다음에는 내 몸을 인식하고 내가 느끼는 감정과 욕구를 파악한 뒤 그것을 표현해 볼 수 있는 경험을 지속적으로 제공한다.

내가 느끼는 기분, 내 몸의 감각을 끊임없이 인식하고 살피는 훈련은 타인으로부터 언어적, 신체적 침해를 받았을 때 내가 어떤 감정인지 알아챌 수 있도록 해준다. 더불어 상대방에게도 감정이 있다는 것을 이해하게 되는 과정이다.

감정 카드를 이용하여 오늘 있었던 일을 이야기하며 그 상황에 떠올랐던 감정을 골라본다. 감정 카드가 없다면 다양한 감정을 표현하는 단어들을 함께 찾아보거나, 한 장에 다양한 감정이 정리된 종이를 보면서 감정을 고른다. 자신이 마음에 걸렸던 일이나, 감정의 동요가 크게 일어났던 일을 활용하는 것이 좋다.

② 타인이 내가 동의하지 않은 행동을 하거나 나의 기분을 무시한 채로 신체적 접촉을 시도하는 행위에 대한 민감성을 기른다. 선행된 학습을 통해 나의 감정이 무시되거나, 동의하지 않은 상황에서 이루어지는 접촉은 내 기분을 상하게 한다는 것을 알게 된다.

| 합법적인 콘텐츠도 성 착취적인 구조를 가지고 있음을 알게 하기 |

위에서 설명한 대로 AV나 포르노 산업은 필연적인 여성 성 착취 구조를 가지고 있다. 초등학생이 이해하기 어려울 수 있으므로 자녀가 이해할만한 수준이거나 좀 더 높은 연령대가 되면 설명해 주도록 한다.

**추천 콘텐츠**

유튜브 채널 〈슬랩〉의 '[내가 팩트다] 성(性)진국의 진실 Ep. 01~02'(보호자)

일본 AV 산업의 피해 여성들을 지원하는 NGO 단체와의 인터뷰를 통해 일본의 합법적 AV 산업이 실상은 불법과 성 착취로 이루어졌다는 사실을 파헤치는 영상. 실제 사례와 상담 내용을 바탕으로 실상을 전달하고, AV 산업 구조 전체의 문제점을 잘 짚어준다.

디지털 성폭력의 피해자가 발생하는 구조, 디지털 성폭력 영상이 어떻게 산업화가 되고 유통되는지 사회 구조적 문제를 설명한다.

| 디지털 성범죄 피해자를 도울 수 있는 기관 |

**• 디지털성범죄 피해자지원센터**

- 전화 상담: ☎ 02-735-8994(365일 24시간)

- 온라인(비공개) 게시판 상담(https://d4u.stop.or.kr/)


**• 여성긴급전화 1366**

- 전화 상담: 국번 없이 ☎ 1366(365일 24시간)

- 여성폭력 사이버 상담(www.women1366.kr)

- 카카오톡 상담(카카오톡 검색창에서 'women1366'으로 검색)


**• 청소년사이버상담센터**

- 전화 상담: 국번 없이 ☎ 1388(365일 24시간)

- #1388 문자 상담(수신자 번호에 '#1388' 누르고 문자 전송)

- #1388 카카오톡 상담(카카오톡 검색창에서 '#1388'으로 검색)

# 초등 단톡방에도 성폭력은 있다

2020년, 디지털 성 착취 범죄인 N번방이 공개되면서 우리 사회는 큰 충격에 빠졌다. 모바일 메신저 앱인 '텔레그램'을 통해 미성년자를 비롯한 수많은 피해자를 협박해 지속적인 성폭력을 저지르고 이를 영상으로 공유한 사람이 수만 명에 이르는 사건을 두고 사회의 각계각층에서는 다양한 반응을 쏟아냈다. 상당수의 미디어는 주동자가 엄청나게 잔인하고 반사회적인 인물이었기 때문에 이런 일이 일어났다고 보도했다. 어떻게 이런 대형 범죄가 터질 수 있는지 경악스럽다는 반응도 많았다. 그러나 사실 나는 놀라지 않았다. N번방은 어느 날 갑자기 생겨난 것이 아니다. 이 사회에서 이미 예견된 일이었다.

몇 년 전, 가르치던 6학년 학생들의 단톡방이 문제가 된 적이 있었다. 생활 지도 때문에 학생들이 문제를 일으킨 단톡방의 대화 내용을 보았고, 나는 몹시 참담한 심경이 되었다. 며칠간 그 단톡방의 화제는 온통 한 여학생이었다. 그 여학생과 시비가 생겨서 다들 분노를 쏟아내는 중이었다. 그런데 어떻게 분노를 쏟아내고 있었을까?

그 여학생의 외모를 하나하나 품평하면서 비웃고 있었다. 성적인 비하 표현, 인격적으로 모욕이 느껴지는 표현, 성희롱에 가까운 욕설이 단톡방을 가득 메우고 있었다. 그 채팅에 참여한 남학생들은 거의 10명 남짓이었는데 아무도 문제를 제기하지 않고 있었다.

그로부터 몇 년 뒤, 성평등 교육에 뜻이 있는 교사들을 위한 포럼에 참석한 적이 있었다. 현직 중학교 교사분이 얼마 전에 전학을 온 남학생이 자신을 과시하기 위해 교실에서 한 행동을 이야기하면서 한숨을 쉬셨다. 그 남학생은 반 전체 여학생의 얼굴과 몸매에 점수를 매긴 뒤 그걸 교실 칠판에 등수별로 쫙 적어놓았다고 했다. 슬프게도 학교는 그 사건을 공론화하지 않았고, 여학생들만 상처를 입은 채 유야무야 덮였다.

대학가에서 일어난 단톡방 성폭력은 이미 언론에서 여러 번 보도되었다. 남학생들이 단톡방에서 같은 학교 여학생들의 얼굴과 몸매를 평가하고, 성적인 행위를 하고 싶다며 성희롱을 했다. 피해자가 된 여학생들이 문제를 제기하고 여러 차례 SNS에서 공론화가 되었으나 가해 남학생들은 가벼운 학내 징계에 그쳤고 법적 처분을 받은 경우가 드물었다. 그리고 그사이, 한 유명 연예인의 디지털 성범죄가 있었다. 유명한 남자 연예인들이 여럿 포함된 단톡방에서 성폭력을 모의한 후 실행에 옮기고 그 영상을 돌려보며 품평회를 열고 있었다. 그런데 이 일들에 연루된 남자 연예인들 중 일부만 법적 처벌을 받았고 나머지는 처벌을 받지 않았다. 그 이후로 계속 연예계 활동을 이어가고 있는 사람도 있다.

문제를 일으킨 우리 반 남학생들은 왜 단톡방에서 외모에 관한 성희롱을 했을까. 그 중학교 남학생은 왜 여학생들의 외모를 점수 매겨 칠판에 등수별로 적었을까. 여성을 물건처럼 대상화하는 사회, 여성의 외모와 몸매에 대한 평가가 넘쳐나는 미디어, 남자의 성욕은 과시하는 것이라는 분위기 속에서 그들은 자신들이 보아왔던 방식대로 여성을 대했던 것이다. 그런 문화 안에서 여성의 신체는 남성의 욕구 분출을 위한 도구로 취급된다. 남성의 권력을 과시하기 위한 수단이 되기도 하고 더 나아가서 이 사회에서 거래되는 막강한 재화가 된다.

우리 사회에는 지금까지 수많은 N번방의 전신들이 있었다. 국산 야동이라고 불리며 아무렇지도 않게 소비되던 불법 촬영물은 최근까지 경계의 대상도 되지 않았다. 100만 회원을 자랑하던 소라넷은 디지털 성범죄, 성범죄 모의 및 실행, 영상 공유에 대한 글과 댓글이 넘쳐나는 곳이었다. 여성들이 힘을 모아 소라넷을 고발하고 힘겹게 무너뜨린 뒤에도 계보를 잇겠다며 새로운 커뮤니티가 계속해서 나타났다. 디지털 성범죄를 저지른 가해자에 대해 끊임없는 제보와 고발이 이어졌지만 대부분 무죄이거나 집행유예를 받고 풀려났다. 2019년에 세계 최대 아동 성 착취 다크웹을 운영한 손정우에게 내려진 형량은 고작 1년 6개월이었다. 그리고 손정우가 벌어들인 수익은 몇십억 원에 달한다. 과연 이 모습이 사회에 전달하는 메시지는 무엇일까?

끊임없이 일어나는 디지털 성범죄보다 더 무서운 것은 중범죄를 저지르고도 경미한 처벌을 받는 가해자, 막대한 경제적 이득을 취하는 범죄의 주동자인 남성들을 계속해서 전시하는 사회였다. 이런 사회에서 N번방이 나타난 것은 자연스러운 수순이다. 디지털 성폭력이 만연한 것도, 처벌에 대한 공포심이 미미한 것도 다 예상되는 일이다. 결국 단톡방의 성희롱, 디지털 성범죄물 시청 및 촬영과 공유, 불법 촬영물의 유통은 여성의 비인격화, 남성성의 우월성 확인, 잘못된 남성 문화의 학습, 그리고 여성의 신체 전시가 막대한 돈이 되는 이 사회의 산업 구조에서 비롯되었다.

아이들이 이렇게 사회에 만연한 왜곡된 성 인식을 처음 접하고, 문제를 일으키기 시작하는 곳이 바로 초등학생들의 단톡방이다. 그런데 안타깝게도 많은 10대와 20대 남성들은 이런 문화를 접하고 살면서도 문제의 본질을 깨닫지 못하는 경우가 무척 많다. N번방의 공론화는 20대 여성으로 이루어진 '추적단 불꽃'에서 N번방에 잠입하여 오랜 기간 동안 자료를 모으고 이를 언론에 제보하면서 시작됐다. 수만 명의 여성이 N번방의 가해자들을 처벌하고 범죄를 뿌리 뽑기 위해 SNS상에서 해시태그 운동을 하고 국민 청원을 하고 온라인 서명 운동을 벌였다. 그러나 유명 포털 사이트의 10대, 20대 남성들의 실시간 검색어 2위는 'N번방 탈퇴 방법'이었다. N번방 이슈가 퍼져나가자 인터넷에서는 10대, 20대 남성들을 중심으로 'N번방 회원이 26만 명이라는 건 너무 부풀려진 것이다' '보통 남자들까지 일반화 시킬까 봐 너무 기분 나쁘다' '여친이 혹시 거기 들어가 봤냐고 물어보는데 기분 나빠서 폭언을 했다. 그걸 듣고 우는데 속 시원하다' 등의 글이 올라오기 시작했다. 급기야 한 10대 남자 연예인은 본인의 SNS에 '내가 그 방 봤냐, 왜 자꾸 남자들을 의심하냐 이 ××들아'라는 글을 올리기도 했다. 이 엄청난 간극은 10대, 20대 남성들의 젠더감수성이 얼마나 위험한 상황인지를 극명하게 보여준다.

# 단톡방의 성폭력에 무뎌지지 않는
# 젠더감수성을 길러주세요

**| 동조하는 사람, 방조하는 사람도 가해자 |**

단톡방은 친분이 있는 구성원끼리 만드는 공간이다. 따라서 단톡방에 외모 품평, 성희롱 표현, 여성 비하 표현이 올라와도 친하니까, 친구 무리에 끼기 위해, 서열이 높은 친구가 있어서 등의 이유로 계속 그 채팅방에 머물며 동참하게 된다. 단톡방 성폭력의 심각성을 인식하지 못하고 함께하는 경우도 많다.

성폭력의 경우 가해자가 자신의 잘못을 인정하지 않거나, 축소하거나, 책임이 없다고 생각하는 경향이 매우 높다. 자기는 아무 말도 안 했으니 잘못이 없다고 말하기도 한다. 직접 겪어보지 못한 일이라면 이해하기 어려울 수 있으므로 소재를 바꾸어 설명해 보는 것도 좋다.

- 단톡방에서 일어나는 폭력 중 하나인 '카따(카카오톡 왕따: 특정 카톡방에 지속적으로 초대해 욕설을 하거나 놀리는 행위)'의 이야기를 예시로 든다.

(예시 대화)

"○○이네 반에서 ○○이를 '카따' 시키는 일이 일어난다면 어떤 기분일까요?"

- 굉장히 속상하고 그 방에 참여한 친구들이 다 미워질 것 같아요.

"'카따'를 시키는 친구들의 문제는 무엇일까요?"

- 단톡방에 초대해서 나쁜 말을 하고, 나에게 상처를 줘요.

"그렇다면 그 방에서 ○○이에게 욕을 하지는 않았지만 그냥 'ㅋㅋㅋㅋ' 같은 말을 한 친구는 잘못이 있다고 생각하나요?"

- 네. 같이 놀린 것 같은 기분이 들어요. 비웃는 것 같아요.

"그 방에서 아무 말도 하지 않은 친구가 있다면 잘못이 있을까요?"

- 아무 말도 하지 않았지만 저를 놀리는 방에 있었기 때문에 가해자라고 생각해요.

문제가 없다고 대답한 경우 "자신을 괴롭히는 방에 동참한 친구와 실제로 놀게 된다면 어떤 기분이 들게요?" "그 친구와 반에서 짝이 되었을 때 어떤 기분이 들까요?" 등의 유도 질문을 해주는 것이 좋다. 가해자와 피해자를 명확하게 구분하기 쉬운 경우를 예로 들어 설명해 주면 동조와 방관이 왜 가해가 되는지 쉽게 이해하게 된다. 적극적으로 반대해야 하는 이유를 설명하고 이를 실천하려는 마음을 갖게 해야 한다. 단톡방의 분위기에 함께 편승하는 것은 쉽지만 이를 반대하는 데에는 큰 용기가 필요하기 때문이다.

**- '카따'를 하는 방에 가해자로 초대되었을 때 반대할 수 있는 감수성 기르기**

현실적인 문제이므로 부모의 의견대로 무조건 바른말을 하게 만드는 것은 효과가 없다. 초등학생은 옳은 일은 지켜야 한다는 양심을 갖추고 있으므로 스스로 느끼고 실천할 수 있도록 한다.

(예시 대화)

"'카따'를 시키는 친구들은 피해자의 인권을 존중하고 있나요?"

- 아니요, 피해자를 무시하고 괴롭히면서 고통을 주고 있습니다. 아주 잘못된 행동입니다.

"그렇다면 '카따'를 멈출 수 있는 방법은 무엇이 있을까요?"

- 그 방에 있는 누군가가 그만하라고 말해야 합니다. 선생님께 말씀드립니다.

"피해자를 놀리는 친구들이 다 나와 친합니다. 그런데도 반대해야 할까요?"

– 친한 친구들이지만 상대방의 인권을 무시하고 있으니까 반대해야 합니다.

**추천 콘텐츠**

유튜브 채널 〈세바시〉의 '단톡방 성희롱 피해자로서 내가 느낀 것'(보호자)

대학교 같은 학과 남학생들로부터 단톡방 성폭력 피해자가 된 사실을 알고 이를 공론화하여 싸워온 여성의 이야기로써, 단톡방 성폭력의 문제점을 명료하게 살펴볼 수 있다.

EBS 〈다큐 시선〉의 '디지털 성범죄 당신은 가해자입니까, 피해자입니까'(보호자)

교대에서 발생한 단톡방 성폭력과 유명 연예인들의 단톡방 성폭력, 그리고 이 사건을 취재한 기자들의 단톡방에서 이루어진 성폭력을 다뤘다. 단톡방 성폭력에서 피해자, 가해자 위치에 있는 10대 청소년들의 입장도 함께 다뤘다.

# SNS와 인터넷에서
# 개인정보의 중요성을 인식시켜주세요

**| 개인의 신상은 반드시 보호되어야 하며 매우 중요한 정보임을 알게 하기 |**

N번방의 주요 가해 수법 중 하나가 '지인 능욕'이라는 범행이다. 아는 사람(지인)의 얼굴에 노출이 많은 사진을 합성(능욕)시켜 이를 SNS상에 올리는 것이다. 이 '지인 능욕'은 지인의 신상을 공개하고 성적인 의도를 담은 합성물을 통해 괴로움을 주려는 목적으로 행해진다. 가해자를 고발한 피해자들은 같은 학교 학생, 아는 친구가 가해자로 밝혀져 더 큰 충격을 받았다.

초등학생들은 카카오톡, 페이스북에 특정 친구를 겨냥한 욕설을 하거나 신상을 쉽게 올린다. '친하니까'라는 생각에 친구의 사진을 동의 없이 찍고 단톡방이나 SNS에 올리는 경우도 많다. 단톡방을 만들다가 '아는 친구니까' 하는 생각에 초대하고 싶은 친구들을 무조건 단톡방으로 부를 때도 있다. 그럴 경우 친구의 카카오톡 아이디가 모르는 사람에게 노출될 수 있다는 점을 깨우쳐 주면 그때야 위험성을 자각한다.

개인의 신상이 SNS나 인터넷에 공개되면 완벽한 삭제가 어렵다는 점에서 위험성이 매우 크다. 그런데 현재 초등학생들은 스마트폰과 인터넷에 익숙하면서도 신상 노출의 위험성에 대해서는 잘 모르는 경우가 많다. 이와 관련한 내용을 교육할 때면 대부분의 학생이 '이런 이야기는 처음 듣는다'라고 반응한다. 나 자신의 신상과 타인의 신상은 한 사람의 안전과 직결되는 일이며 타인에게 노출되면 큰 피해를 입거나 입힐 수 있다는 점을 알아야 한다.

## | 가해자의 활동도 전부 흔적이 남는다는 사실을 인식시키기 |

신상 노출, 지인 능욕 등의 이슈에서는 피해자를 떠올리기 쉽다. 실제 이번 N번방 사태에서도 피해자들이 겪은 잔인한 범행이 크게 보도되면서 화제가 되었다. 상대적으로 N번방 가해자들의 정보가 얼마나 쉽게 추적되었는지는 덜 알려졌지만 가해자들의 정보역시 피해자들의 정보만큼 인터넷 곳곳에 남아있었다. N번방의 주동자들은 암호화폐 거래, 본인 인증을 통한 가입, 가입한 사람들을 통한 동영상 업로드 등의 절차로 보안에 상당한 안전을 기했다. 그러나 텔레그램과 협조하기 전부터 이미 경찰은 가해자들의 인터넷 기록을 추적할 수 있었다.

구글, 아마존 등 세계적인 기업들은 취업 면접에서 면접자들의 인터넷 기록을 조회해서 잘못된 행적이 남아있는 경우 채용하지 않기로 발표했다. 이런 경향은 앞으로 더 확대될 것이다. 이처럼 인터넷은 완전한 익명의 공간이 아니며, 인터넷에서 했던 활동이 오랫동안 기록으로 남아 자신의 일상생활에도 큰 영향을 줄 수 있다는 경각심을 가져야 한다.

6장
성평등은
남성 혐오라는 거짓말

# 유튜브 '참교육'이 가르치는
# 가장 완벽한 혐오

．
．
．

'참교육'은 유튜브에서 많이 쓰이는 용어다. 참된 교육의 줄임
말인 참교육은 뜻만 보면 별문제가 없어 보인다. 그런데 참교육이
라는 단어가 들어가는 유튜브 콘텐츠 제목의 몇 가지 예를 살펴보
면 문제점이 바로 보인다.

'남친 차종 비교하는 김치녀 참교육' '버릇없는 급식(학생) 참
교육하러 현피(직접 만나 때리는 것) 뜨러 감' '시끄러운 윗집 여
자 참교육을 위한 벨튀(초인종을 누르고 도망가는 것)'

이런 영상들이 과연 인기가 있을까? 아주 많다. 유튜브 인기 동영상 모음 화면에는 주기적으로 '김치녀 참교육' 영상이 올라온다. 아예 참교육 영상 유튜버로 활동하는 채널도 있다. 참교육 콘텐츠는 미디어 리터러시 수업을 할 때 절대 빼놓지 않는 소재다. 참교육 콘텐츠의 기본에 깔려있는 정서는 초등학생의 사고방식과 아주 밀접하게 맞닿아 있으며 결과적으로 사회의 폭력성에 지대한 영향을 끼치기 때문이다. 참교육 콘텐츠의 가장 큰 문제점은 무엇일까. 사회적 약자에 대한 징벌을 정당화하고, 영상을 시청하는 아이들에게 잘못된 가치를 학습시킨다는 점이다.

가장 문제가 되는 '김치녀 참교육'부터 짚어보도록 하자. '김치녀'는 대표적인 여성 비하 표현이다. 한국 여성은 사치스럽고 남자를 통해 이득을 얻으려는 존재라는 프레임이 씌워져 있다. 그래서 김치녀 참교육 콘텐츠는 대부분 이런 식으로 이루어진다. 여자와 남자가 함께 있는 화면이 나온다. 대화를 이어가는 중에 여자가 남자의 재산(차, 집, 데이트 비용, 선물 등)에 대해 '왜 그것밖에 안 되냐'는 식으로 짜증을 낸다. 그러면 남자는 '김치녀를 참교육시킨다'며 언어적 폭력이 섞인 말을 한바탕 퍼붓는다. 여자는 뭐라고 몇 마디 항변하다가 결국 아무 말도 못 하는 모습을 보이거나 망신당했다며 씩씩거리다 욕을 더 듣기도 한다.

초등학생들은 대체적으로 잘못된 행동에 대한 응징은 당연하다고 생각하는 경향이 있다. 그래서 자신에게 나쁜 말이나 행동을 한 친구는 되갚아줘야 한다며 싸우는 경우가 많다. 크게는 따돌림이나 괴롭힘의 이유가 되기도 한다. 피해자인 학생이 평소 잘못된 행동을 했기 때문에 당연히 혼을 내줘야 한다고 생각하는 것이다. 참교육은 이런 초등학생의 응징 문화에 혐오와 폭력을 교묘하게 녹인다. '김치녀가 잘못했기 때문에 성인 남성에게 언어 폭력이나 정서적 폭력을 당해도 마땅하다'는 인식의 문제를 살펴보자.

첫째, '김치녀'라는 혐오 표현을 정당화한다. 여성이 조금이라도 물질에 대한 탐욕을 드러낼 때, 이 사회에서 김치녀가 되어버린다. 그러나 어리고 예쁜 여성을 노골적으로 선호하는 남성은 비판의 대상이 되지 않는다. 김치녀라는 표현은 남성 중심의 사회가 여성들에게 자신의 행동을 검열하고 남성들이 원하는 '개념녀'가 되도록 압박하는 왜곡된 여성상일 뿐이다.

둘째, 징벌을 이유로 폭력을 정당화한다. '김치녀'라는 용어를 만든 것은 누구일까? 성인 남성, 즉 이 사회에서 가장 큰 힘을 가지고 있는 집단이다. 김치녀 참교육을 하는 유튜버들 역시 이 사회의 기득권인 성인 남성이다. 더 많은 힘을 가지고 있는 기득권이 함부로 폭력을 휘두르면 어떻게 될까? 아무도 제지할 수 없을뿐더러 소수자는 그 폭력을 그대로 당할 수밖에 없다. 더욱 무서운 것은 기득권 내부에서 자정의 목소리가 나오지 않는 한 계속해서 사회적 약자에 대한 혐오가 발생한다는 점이다. 그렇다면 이런 혐오는 왜 이토록 인기가 있을까? 바로 재미있기 때문이다.

참교육 영상은 폭력성이 강한 내용들로 채워진다. 언어폭력, 신체적인 폭력이 가해지기도 한다. 상대방에게 상당한 정신적 충격을 주는 경우도 비일비재하다. 그러나 댓글에서는 아무도 이를 제재하지 않는다. 오히려 잘 하고 있다며 응원한다. 이 중 상당수가 초등학교 남학생들이다. 특히 초등학교 남학생의 경우 중요한 것은 '얼마나 재미있는가' '얼마나 자극적인가'이다. 한때 전국의 초등 남학생들에게 선풍적인 인기를 끌었던 유명 BJ들은 이런 포맷에 충실했다. 한 유튜버는 자신을 비난한 장애인을 불러 옆에 앉히고 엄청난 욕설을 퍼붓기도 했다. 댓글 반응은 어땠을까? '까불더니 꼴좋다' '저런 말 들어도 싸지'라는 분위기가 주류를 이뤘다. 그 영상 자체보다 댓글이 더 걱정스러웠던 이유였다.

장애인은 사회적 소수자다. 사회적 소수자란 사회적인 힘이 약한 계층을 의미한다. 불쌍한 존재가 아니라 제도적, 경제적, 문화적으로 소외당하는 불합리를 겪는 계층이다. 따라서 사회적으로 이들의 불평등을 개선하고 보호해야 한다는 인식을 심어주는 교육이 이루어져야 한다. 장애인 외에도 미성년자, 여성, 성소수자 등이 사회적 소수자에 들어간다. 그런데 참교육 영상은 끊임없이 이들에게 폭력을 가한다. 여고생, 장애인, 아줌마, 남중생, 20대 여성….

재미의 탈을 쓴 폭력은 그렇게 유튜브 영상을 시청하는 미성년 남성들에게 학습된다. 그런 남학생들이 자라서 성인 남성이 되었을 때 얼마나 위험한 일들이 일어나는지를 우리는 이미 사회 곳곳에서 보고 있다.

참교육 콘텐츠에 적극적으로 참여하는 사람들이 있다. 주로 초·중·고 남학생들이다. 왜 남학생들에 한정되어 있냐면 남성들은 미성년이든 아니든 인터넷에 얼굴과 신변을 공개해도 위협받지 않고, 성적으로 대상화되지 않는 사회적 권력을 가지고 있기 때문이다. 그러나 여성은? 최근 일어난 N번방 사건만 보더라도 여성의 얼굴과 신변이 노출되는 것이 얼마나 끔찍한 결과를 불러올 수 있는지 우리는 알고 있다.

앞에서 초·중·고 남학생들이 자극과 재미에 초점을 맞추는 콘텐츠를 좋아한다는 것에 대해 설명했다. 이 남학생들은 단순히 보는 것을 넘어서 댓글 참여자, 라이브 채팅 참여자, 구독자로서 함께 콘텐츠를 만들어 나가며 참교육 영상 콘텐츠의 한 부분을 차지한다. 그런데 수많은 참여자 중에서 자신의 존재가 튀려면 제대로 사고를 치는 정신 나간 행동이 필요하다. 유명 유튜버에게 엄청난 사기를 친다든지, 심한 악플을 달거나 협박을 하는 것이다.

문제는 유튜버 역시 이를 적극 활용한다는 점이다. 성인 남성으로서 잘못된 행동을 용서해 주는 게 아니라 참교육을 시켜준다며 직접 현피를 뜨는 모습을 영상으로 제작해서 더욱 조회수를 올린다. 화면을 통해 이를 지켜보는 남학생들은 현피를 뜨는 이 둘을 보고 용자(용기 있는 자, 영웅)라고 환호한다.

　남자다워야 한다는 성역할에 맞춰 키워진 남학생들은 초등학교 고학년부터 본격적으로 허세를 부리기 시작한다. 자극적 콘텐츠의 세계에 미성년 남학생을 초대했을 때 이들의 허세는 충동성과 더불어 큰 사건을 저지르게 만든다. 이런 일탈을 저지른 학생은 영웅으로 추앙받고 폭력은 점점 더 넓게 퍼지며, 끊임없이 되풀이되는 것이 지금의 현실이다.

가정에서
학교에서
성평등
실천 Tip

# 사회적 약자를 향한
# 혐오를 알려주세요

**| 참교육 콘텐츠의 문제점 인식하기 |**

참교육이라고 검색하면 뜨는 영상 중에서 보호자가 보기에 교육적으로 알맞은 수준의 영상을 미리 찾아본다. 초등학생들이 많이 보는 유명 유튜버 영상을 활용하는 것도 좋다.

(예시)

성인 남성 두 명이 위층에서 밤마다 시끄럽게 하는 여성을 찾아가 조용히 해줄 것을 당부한다. 여성은 이를 거부하며 계속해서 소음을 낸다. 이 두 남성은 참교육을 시켜준다는 명분하에 여성이 거주하는 집의 윗집에서 방바닥을 드릴로 뚫고 망치로 내리치며 위협한다. 아래층 여성은 위층에서 한밤중에 들려오는 소리로 인해 공포에 질린다.

① 교육 영상을 보고 처벌하는 대상과 처벌받는 대상을 나누어 본다.

(예시 대화)

"누가 더 잘못한 것 같나요?"(여기서는 자녀의 솔직한 생각을 들어본다. 그 생각에 대해 옳다 그르다 이야기해 줄 필요는 없다.)

- 남자가 더 잘못한 것 같습니다.

- 여자가 더 잘못한 것 같습니다.

"처벌을 하는 대상은 누구입니까?"

- 성인 남성 두 명입니다. 구독자가 많은 유튜버입니다.

"참교육을 받는 대상은 누구입니까?"

- 성인 여성 한 명입니다.

② 이렇게 대상을 나누고 특성을 파악한 후 권력 관계에 대해 분석한다.

(예시 대화)

"성인 남성 두 명과 성인 여성 한 명 중에 누가 더 힘이 셀까요?"

- 성인 남성 두 명입니다.

"성인 남성 두 명은 유명한 유튜버이고, 여성은 그렇지 않습니다. 어떤 문제가 있을까요?"

– 여자 편을 들어줄 사람이 없을 것 같습니다.

"실제로 댓글을 보면 구독자들은 대부분 누구의 편을 들고 있나요?"

– 남자들 편을 들고 있습니다.


댓글 창에 심한 혐오 표현이 나타날 수 있으므로 보호자가 댓글의 분위기를 전해주는 것으로 대체해도 좋다.


**③ 기득권이 소수자를 참교육할 때 생길 수 있는 위험에 대해 인지하게 한다.**

(예시 대화)

"유명한 유튜버가 한 여자를 공격하게 되면 어떤 위험이 생길까요?"

– 댓글로 그 여성을 욕하는 사람이 많아집니다.

"성인 남성 두 명이 여자 한 명을 위협하면 어떤 문제가 생길까요?"

– 여자가 이길 수가 없습니다. 겁을 먹습니다.


**| 참교육 영상 속 폭력성을 깨닫기 |**

이 유튜버들은 참교육 방법으로 위층에 올라가 방바닥을 망치로 부수고 드릴로 뚫었다. 이는 아래층에 사는 사람에게 극도의 공포감을 줄 수 있는 행위이다.

(예시 대화)

"실제로 집에 나밖에 없는 상황에서 모르는 사람이 우리 집 천장을 부순다면 어떤 생각이 들 것 같나요?"

– 벌벌 떨릴 것 같습니다. 나를 잡아갈까 봐 겁날 것 같습니다.

이때 남자아이 중에는 혼자서 싸워 이길 수 있다고 우기는 아이들이 있다. 진지한 학습 중이며 잘못된 폭력을 제대로 바로잡는 시간임을 인지시켜야 한다.

**| 참교육 영상 속의 폭력적인 대안 대신 해결 방안 생각해 보기 |**

(예시 대화)

"물건을 부수고 겁을 주는 폭력적인 방법 말고 다른 방법이 있을까요?

– 아파트 관리실이나 경비원님께 계속적으로 항의합니다.

**| 참교육 영상 속 조작 내용의 문제점을 생각해 보기 |**

(예시 대화)

"한밤중에 망치나 드릴로 바닥을 부수는 게 가능할까요?"

– 주변에서 경찰에 신고할 것 같습니다. 불가능합니다.

"이 유튜버들은 여성의 바로 윗집에서 층간소음을 일으켜 복수하려는 계획을 세우고 윗집을 빌렸습니다. 놀랍게도 마침 윗집에 거주하는 사람이 없어서 바로 빌릴 수 있었습니다. 이런 우연이 가능할까요?

- 그런 우연이 일어나기는 힘들 것 같습니다. 미리 조작한 것 같습니다.

"바닥을 부수는 동안 무서워하는 아래층 여자의 모습이 영상으로 찍혔습니다. 가능한 일일까요?

- 그 집에 직접 카메라를 설치하지 않는 이상 불가능합니다. 몰래 찍으면 범죄입니다.

"그렇다면 왜 이런 영상을 조작하고 폭력적인 모습을 보여주는 걸까요?"

- 조회수를 올려서 구독자를 늘리려고 하는 것 같습니다.

**| 해결 방안을 생각하고, 유튜브를 보는 올바른 기준점 세워보기 |**

(예시 대화)

"이런 영상이 많이 만들어지는 이유는 무엇일까요?"

- 재미있다고 사람들이 많이 보기 때문입니다.

"이런 영상을 없애기 위해서는 어떻게 해야 할까요?"

- 보지 않는 것입니다. 신고하는 방법이 있습니다. 제작자에게 항의합니다.

이런 활동과 함께 실제로 문제가 있는 유튜브 영상을 함께 신고해 보면 더욱 효과적이다.

**| 재미있으면서도 폭력성이 없는 영상을 찾아보기 |**

재미있고 폭력성 없는 콘텐츠를 찾아 목록을 만들거나 바로가기에 추가한다. 이때 1) 폭력성이 없다 2) 약자를 비하하지 않는다 3) 조작하지 않는다 등의 정확한 기준을 같이 만들면 좋다.

# 경각심을 가져야 할 콘텐츠들을 함께 짚어봐요

**| 동의와 존중이 빠진 개그 콘텐츠의 문제점 짚기 |**

초등학생, 특히 남학생들은 황당하거나 자극적인 상황에서 웃기는 콘텐츠를 좋아하는 편이다. 소소하게는 게임 중인 절친의 집에 찾아가 중요한 순간에 컴퓨터 전원을 꺼버리거나 가족의 중요한 물건을 망가트린 척하고 반응을 보는 것이다. 친구나 가족의 경우 가까운 사이이기 때문에 그냥 웃어넘기는 상황도 많은데 아무리 가까운 사이라도 동의와 존중이 빠지면 상대방의 기분이 상할 수 있다는 것을 알려야 한다.

길거리에서 모르는 사람에게 황당한 미션을 하는 것도 초등학생이 좋아하는 장르 중 하나다. 그런데 황당한 일을 당하는 대상은 대부분 10~20대의 여성이다. 말을 거는 대상은 성인 남성이다. 이때 대부분의 여성은 당황스러워 제대로 반응하지 못하거나 아무 말도 하지 못한다. 어색하게 웃는 경우도 많은데 좋아서가 아니라 당황해서 나오는 표정이다. 라이브 방송일 경우 채팅이나 댓글로 해당 여성의 외모를 품평하는 일도 함께 일어난다. 재미를 위해 다른 사람을 함부로 대하면 안 된다는 점과 외모 평가는 여성을 성적 대상화 하는 행위라는 것을 인지시킨다.

**| 게임 스트리밍 콘텐츠의 여성 혐오적 언어를 점검하기 |**

남학생들이 가장 많이 보는 유튜브 채널은 인터넷 게임 스트리밍 채널이다. 그런데 인터넷 게임은 남성들의 전유물이라는 인식이 강하다. 문화도 상당히 남성 중심적이다. 특히 여성 혐오에 대해 지적하면 굉장한 반발이 일어나는 분야이기도 하다.

따라서 게임 스트리머가 여성 혐오적인 용어를 쓰더라도 아무도 그를 지적하지 않는다. 예를 들어 여성은 게임을 못한다는 선입견을 이야기하거나 여성 캐릭터의 외모나 옷차림을 평가하는 말들, '김치녀'나 '맘충'처럼 여성을 비하하는 말들이 아무런 제재 없이 쓰인다. 또한 남학생들은 게임 스트리밍 채널을 자주 보기 때문에 해당 유튜버에게 친근한 감정을 느끼는 경우도 많아 그들의 행동에 큰 반감을 가지지 않는다. 자녀가 자주 보는 게임 스트리밍 채널에 여성 혐오적 언어 표현은 없는지 점검하고, 있다면 왜 그런 표현을 쓰면 안 되는지 알려줘야 한다.

### | 여성의 외모에 대한 강박 관념을 심어주는 콘텐츠 살피기 |

여학생들이 많이 보는 채널 중에는 뷰티 콘텐츠나 아이돌 관련 영상, 아이돌 댄스 영상 분야 등이 있다. 특히 초등 고학년생은 걸그룹 관련 영상을 많이 찾아보게 되는데 걸그룹 멤버들의 몹시 마른 몸매나 완벽하게 화장된 외모 등을 보고 부러움과 함께 나의 외모를 비교하게 되는 일이 많다. 뷰티 콘텐츠의 경우 화장을 하면서 '어떻게 하면 내 얼굴의 단점을 화장으로 보완할 것인가'에 초점을 맞추는 내용이 많고, 화장 전후의 변화가 극적일수록 반응이 좋기 때문에 해당 콘텐츠를 많이 접할 경우 자기 얼굴의 단점을 부각시켜 보게 될 위험성이 있다. 2장 〈해도 고민, 안 해도 고민인 내 딸의 화장〉에 나온 부분을 참고하여 자녀가 경각심을 가지고 콘텐츠를 바라볼 수 있게 한다.

# 22세기를 준비하는 여학생,
# 19세기를 꿈꾸는 남학생?

●
●
●

"야, 너 메갈이냐?"

한 여중생이 학교에 책 《82년생 김지영》을 가지고 갔다가 같은
반 남학생에게 들은 말이다. '메갈'은 현재 10대와 20대 남성들이
많이 사용하는 페미니스트를 비하하는 용어다. 《82년생 김지영》은
대한민국 여성들이라면 대다수 겪었을 차별에 관해 쓴 책이다. 매
사 남동생을 우선시하는 가정에서 성장한 이야기, 직장에서 업무
차별을 받는 이야기, 아이들을 데리고 카페에 갔다는 이유로 '맘충'

이라는 말을 듣는 이야기 등이 나온다. 엄청나게 급진적인 내용이나 남성을 증오하는 내용이 담긴 것도 아니다. 그런데도 10대, 20대 남성들 중 상당수는 이런 책조차 견딜 수 없어 한다. 함께 21세기를 살고 있지만, 여학생과 남학생은 서로 다른 시대를 살고 있다.

중·고등학교에서 젠더감수성 수업을 하는 교사들에게 남학생들의 교육은 굉장히 어려운 과제다. 상당수의 청소년 남학생에게 성평등이란 남성 혐오, 여성 우월주의, 군대도 안 가는 여성들의 이기적인 권리 챙기기, 남자들을 잠재적 범죄자 취급하는 '역차별'적 개념일 뿐이다. 그렇기 때문에 조금이라도 성평등에 관련된 낌새가 보이면 반감을 가지는 남학생들이 많다. 성평등 수업 중에 심한 반발에 부딪히는 일도 부지기수고, 교사 평가 기간에 해당 교사에게 점수 테러를 하기도 한다.

'김치녀'와 '한남(한국 남자)'이라는 단어를 보면 '김치녀'는 '여자들이 잘못된 행동을 했으니까 그런 말을 듣는다'라고 반응하면서 '한남'은 '메갈들의 남성 혐오'라고 생각하는 경우도 많다. N번방이나 소라넷 같은 대형 디지털 성범죄가 공론화되어도 '이런 사건이 있다고 해서 모든 남자를 잠정적 가해자로 보지 말아라. 기분 나쁘다'라는 반응이 먼저 눈에 띈다.

여기에 윗세대 남성들이 보여준 기득권의 잘못된 모습까지 그대로 답습한다. 가부장적 사고방식, 성적인 일탈은 남성의 본능이라는 생각, 여성의 행동을 보고 '김치녀'와 '개념녀'로 나누는 모습은 20여년 전과 별반 차이가 없다. 가부장제 사회에서 남성은 승진이나 채용 등의 다양한 사회적 기회에서 우선권을 얻는다. 그러나 기득권은 이때까지 당연히 누리고 있던 것이기 때문에 그들 스스로 인지하기 어렵다. 그래서 남학생들은 남성의 기득권에 문제를 제기하면 '도대체 내가 무슨 기득권을 누리고 있냐. 나는 역차별 받는다'라고 주장할 때가 많다.

여기에 인터넷과 SNS의 발달은 남학생들의 피해의식과 여성혐오를 더욱 공고히 했다. 예를 들어 우리나라 여성과 남성의 성별 임금격차가 경제협력개발기구(OECD) 중 가장 높다는 뉴스가 나왔다. 그러면 남초 커뮤니티에서 당장 반박 자료가 나온다. 남성이 여성보다 3D업종에 더 많이 종사하기 때문에 이런 결과가 나왔다고 설명한다. 3D업종은 주로 남초 직장이고, 이런 직장은 임금이 높기 때문에 임금격차가 발생한다는 것이다. 이런 반박 자료들은 항상 통계 자료의 숫자를 고치거나 해석을 교묘하게 바꾸어 말하기 때문에 많은 남성이 가공된 자료를 진실이라고 믿는다. 10대 남학생들도 마찬가지다. 그래서 성별 임금격차에 관련된 기사를 보면서 사회에서 진짜 힘들게 일하느라 고생하는 건 남자인데 일도 적게 하면서 돈은 남자만큼 받으려는 여성 편을 들어주는 역차별적 기사라고 생각하게 되는 것이다. 여성과 남성의 임금격차가 큰 진짜 이유는 같은 직급이어도 남성보다 여성이 임금을 더 적게 받고, 고임금인 자리는 여성보다 남성이 더 많이 차지하고 있기 때문임에도 말이다.

이처럼 교묘하게 만들어진 가짜 뉴스는 계속해서 남초 커뮤니티에서, 유튜브에서 재생산된다. 그리고 성평등='남성 역차별', 페미니스트='여자 일베' 같은 프레임을 더욱 공고화한다. 이를 통해 남성 청소년은 더욱 성평등에서 멀어지고 이런 사회 분위기에 부합하여 더 많은 성차별적 콘텐츠가 만들어진다. 많은 남학생들은 현재 사회가 남성들에게 역차별적이며, 여성들이 주장하는 성평등을 반드시 막아야 한다고 생각한다. 그래서 현재 10대, 20대 여성 중심으로 퍼지는 페미니즘 운동을 일시적인 현상으로 치부하거나 시대착오적이라고 여긴다. 미국에서 시작된 '미투 운동'이 전 세계로 퍼지고, 서구를 중심으로 성평등 정책이 시행되며, 중동 지역에서도 여성들이 거센 저항의 목소리를 내는 등 세상은 점점 성평등을 이뤄내기 위해 변하고 있지만, 안타깝게도 많은 남학생들이 이를 받아들이지 않는다. 페미니즘이 일시적인 사회적 병폐라고 생각하는 경우도 매우 많다. 그렇다면 여학생들은 어떨까?

교사 성평등 수업을 위한 연수를 들었을 때의 일이다. 한 교육청의 장학관님이 이런 질문을 하셨다.

"요즘 중·고등학교 여학생들 중에 브래지어를 하지 않고 등교하는 학생들이 있는데, 생활 지도를 어떻게 해야 할까요?"

브래지어를 안 하고 등교를 한다고? 놀랄 일일 수도 있겠다. 하지만 탈-브라 이슈는 이미 몇 년 전부터 10대, 20대 여성들을 중심으로 활발히 일어난 담론이다. 브래지어는 남성 중심적인 시각에서 비롯되었다. '예쁜 가슴 모양'을 유지해야 하고 '유두는 선정적이니까' 가려야 한다는 생각 때문에 이차성징이 시작되면 여학생들은 답답함을 참고 브래지어를 입기 시작한다. 그러나 점점 많은 여학생들이 브래지어가 얼마나 성차별적인지를 깨닫고 있다. 여성의 몸은 남성의 성적인 욕구를 위한 존재가 아니며 예쁜 가슴이란 것은 여성에게 강요된 획일적인 미의 기준이므로 타파해야 한다는 것을 인식하게 된 것이다.

여학생들의 성평등 의식은 '스쿨 미투'를 통해서도 나타난다. 사실 초·중·고등학교에서는 과거에도 여학생들을 향한 성폭력이 늘 존재했다. 치마 들추기부터 성적인 농담하기, 함부로 여학생의 몸에 손대기, 불쾌감이 느껴지는 발언까지. 그러나 이제 여학생들은 더 이상 침묵하지 않는다. 그런데 이 사회는 이런 여학생들의 의식 발전을 전혀 따라오지 못하고 있다. 학교에서는 해당 사건을 덮으려고 하거나 가해자의 편을 드는 경우가 빈번하다. 실제 스쿨 미투가 일어났던 학교의 한 교사는 '여학생들이 예민해서 뭔 말도 못 하겠다'라며 세상이 각박해졌다고 한탄하기도 했다.

10대 여학생들은 현재 양가적인 위치에 서있다. 외모에 대한 관심이 많은 시기를 지나며 자신의 외모를 검열하고 끊임없이 얼굴과 몸매를 사회적 미의 기준에 맞추려고 노력한다. 그러나 한편으로 자신들에게 가해지는 외모에 대한 평가, 여성으로 살아가며 겪게 되는 무수한 위협들, 이 사회에 존재하는 여성 혐오를 누구보다 기민하게 알아채고 이를 바꾸려고 노력한다. 이 사회에서 직접 성차별을 겪고 자라는 여성으로서 기득권인 남학생이 느낄 수 없는 불합리함을 겪으며 살아가기 때문이다.

10대 여학생들은 아주 빠르게 변하고 있다. 많은 여학생이 낙태 합법화, 스쿨 미투 같은 민감한 주제에 대해 적극적인 관심을 보이며 활발한 담론을 펼친다. 사회에 만연한 여성 혐오를 인지하고 누구보다 섬세하고 재빠르게 주변에 존재하는 여성 혐오를 찾아낸다. 수능이 끝난 여고에 강연을 하러 갔을 때, 그곳에 모인 여학생들은 여성주의 서사와 사회의 여성 혐오에 지대한 관심을 가지고 페미니즘 강연에 열렬히 호응했다. '82년생 김지영'이 사회에 존재하는 성차별에 관해 입을 열 수 있는 통로가 되어주었다면, 2000년대 여학생들은 이 사회를 자신들이 직접 바꿔나갈 것이다.

# 페미니즘 이슈를 함께 이야기해 봐요

| 강남역 여성 혐오 살인사건 살펴보기 |

'강남역 사건'이라고 불리는 이 사건은 2016년 강남역 10번 출구 주변 건물에서 일어난 사건이다. 범인인 남성은 1시간 동안 남녀 공용 화장실에 숨어있다가 앞서 화장실에 들렀던 남성 6명은 그냥 보내고 그다음으로 처음 들어온 여성을 살해했다. 이유를 묻자 '여성들이 평소에 나를 무시해서 몹시 화가 났다. 그래서 여성들에게 복수하려고 그랬다'라고 답했다. 가장 번화한 장소인 강남역조차 여성들에게는 안전하지 않다는 점, 그리고 살인의 이유로

'여자가 싫어서'라고 대답한 범인의 행동에 우리 사회가 큰 충격을 받았다.

곧 강남역 10번 출구에는 피해자를 기리는 포스트잇이 붙기 시작했다. 같은 여성이라서, 여성으로서 살면서 겪었던 위협들이 떠올라서, 이 사회의 여성 혐오가 너무 큰 분노를 불러와서 등의 이유로 많은 여성이 찾아와 꽃을 놓고 포스트잇으로 피해자를 추모했다. 이후 매년 사건이 일어난 날에 많은 여성이 강남역 10번 출구에 찾아와 포스트잇을 붙이는 행사를 이어가고 있다. 강남역 여성 혐오 살인 사건은 고학년 초등학생에게 교육 가능한 콘텐츠다. 해마다 사건이 발생한 5월 17일이 되면 추모하는 행사가 열리므로 5월 17일 무렵으로 교육 일정을 잡아보는 것이 좋다.

**① 이 사건이 왜 '여성 혐오' 사건인지에 대해 이야기해 보기**

(예시 대화)

"사건 후 경찰은 범인에 대해 '사회에 잘 적응하지 못하고 분노가 많이 쌓여 있는 상태'라고 발표했습니다. 그런데 범인은 '평소에 여자가 나를 무시해서 굉장히 화가 났다'라고 이야기했습니다. 왜 범인은 자신을 무시한 남성과 여성 중에서 여성에게만 분노했을까요?"

– 여자가 남자를 무시하는 것은 분노할 일이라는 성차별적 생각을 하고 있기 때문입니다.

이 사건이 성평등 교육에 적합한 이유는 이 사건 이후 보였던 남초 커뮤니티와 사회의 반응 때문이다. 추모 행사를 두고 '남성을 잠정적 가해자 취급한다' '여자들이 너무 피해자인 척한다'라는 반응을 보인 남성 커뮤니티는 10번 출구에 모인 여성들의 얼굴을 불법 촬영해 외모 품평을 하기도 했다. 경찰 역시 '이 사건은 여성 혐오 사건이 아닌 그냥 무작위 살인 사건'이라고 발표했다.

(예시 대화)

"많은 남성들은 이 사건에 대해서 심각하게 생각하지 않았고 여성들은 심각하게 생각하는 사람이 많았습니다. 왜일까요?"(어려운 질문이므로 자녀가 대답을 못 할 수 있다. 이런 경우 남성보다 여성이 안전과 생존에 관한 두려움을 많이 느낀다는 사실을 부모가 설명해 준다)

- 남성들은 여성들이 경험한 위험들을 별로 겪어보지 못했기 때문에 심각하다고 느끼지 않는 것 같습니다. 여성들이 위험한 일에 처하는 경우가 더 많기 때문에 심각하게 생각한 것 같습니다.

"왜 이 사건이 여성 혐오 사건일까요?"

- 범인은 여성이 남성보다 못하다고 생각하고 있습니다. 여성을 비하하기 때문에 여성 혐오 사건입니다.

"많은 성인 남성들이 이 사건을 '여성 혐오' 사건이라고 부르면 '남자는 소외되니까 기분 나쁘다' '모든 남성이 범죄자가 된 것 같다'라면서 싫어하는데 어떤 문제가 있을까요?"

– 여성들에게는 죽을 수도 있는 심각한 문제인데 남성이 기분이 나쁘다는 이유로 해결되지 않으면 여성들은 앞으로도 계속 위험한 상황 속에 살아야 합니다. 남자는 기분만 나쁘지만 여자는 진짜 위험에 처할 수 있기 때문에 문제가 있습니다.

이런 활동을 할 때 남초 커뮤니티에서 '기분이 나쁘다'라는 이유로 여성의 생존과 안전을 무시하는 상황 역시 사회적 '여성 혐오'임을 알려준다.

### ② 강남역 사건의 희생자에게 포스트잇 써보기

여성 혐오가 없는 사회, 여성의 안전이 위협받지 않는 사회를 만들기 위한 자신의 다짐을 포스트잇에 써본다. 가족 구성원이 많이 참여할수록 좋다. 잘 보이는 곳에 일주일 정도 붙여놓는다.

### | 나의 유튜브 알고리즘 살펴보기 & 가짜 뉴스 파악하기 |

유튜브는 그동안 자신이 시청한 영상을 바탕으로 관심 있을 만한 영상을 추천해 준다. 문제는 잘못된 개념이나 인식을 심어주는 영상들을 보고 나면 계속해서 유튜브 추천에 비슷한 주제를 가진 영상들이 뜬다는 것이다. 이런 유튜브 알고리즘은 여성 혐오를 퍼

6장. 성평등은 남성 혐오라는 거짓말

뜨리는 가짜 뉴스를 전파한다.

① 유튜브 영상들을 평가할 수 있는 기준을 세운다.

(예시 기준)

| 기준 | 평가하기 |
|---|---|
| 성평등, 페미니즘이 '남성 혐오'라고 말하는 영상 | 해당/ 비해당 |
| 남성들이 '역차별'을 받고 있다고 주장하는 영상 | 해당/ 비해당 |
| 성차별 통계가 잘못되었다고 반박하는 영상<br>(예: 한국의 남녀 임금 격차가 OECD 국가 중<br>1위라는 것은 거짓이다!) | 해당/ 비해당 |
| 페미니스트 참교육 영상, 페미니즘 시위 비꼬기 영상 | 해당/ 비해당 |

② 사용하는 컴퓨터나 스마트폰의 유튜브 첫 화면에 뜨는 영상들을 살펴보고 기준에 맞추어 평가해 본다.

③ 기준에 해당하는 영상들에 '관심없음' 버튼을 누르면 영상이 화면에서 사라진다. 여기서 '이유를 알려주세요' 항목을 클릭하여 '해당 채널이나 영상이 마음에 들지 않습니다/관심이 없습니다'에 체크하면 맞춤 동영상에 반영된다.

**추천 콘텐츠**

유튜브 채널 〈SLAP〉의 '[내가 팩트다] 우리가 페미 때문에 망했다고?? 팩트만

말할게' (중·고학년, 보호자)

안티 페미니스트들은 페미니즘이 발달한 나라에 대한 가짜 뉴스를
만들어 유포한다. 가짜 뉴스에 등장한 나라에서 온 외국인들이 가
짜 뉴스의 잘못된 점을 정확하게 정정해 준다. 가짜 뉴스가 얼마나
성평등에 큰 걸림돌인지 알 수 있는 영상이다.


# 군대에 대한 왜곡된 인식을
# 바로잡아 봅시다

성차별 콘텐츠에 부정적인 영향을 많이 받은 남학생들이 자주
쓰는 용어들이 있다. 그중 하나가 '뷔페식 페미니즘'이다. 뷔페에서
좋아하는 음식만 골라 먹듯 군대에 대한 의무는 다하지 않으면서
여성들의 이득만 챙기는 것이 페미니즘이라고 생각하는 것이다.

### | 병역의 의무를 남성에게만 부여한 것은 남성임을 인지시키기 |

대한민국은 6·25전쟁 이후 지금까지 휴전 국가이고, 종전 선

언 후에도 군대를 유지해야 하는 특수한 상황에 있는 국가이다. 과거 병역의 의무를 정할 때 남성 정치인들은 '여성은 신체 능력이 남성에 비해 떨어지고 출산을 담당해야 하므로 병역의 의무에 적합하지 않다'라고 규정해서 군대에서 배제시켰다. 몇 년 전 '여성도 군대에 가게 해달라'는 헌법소원이 청구되었으나 대다수가 남성으로 이루어진 헌법 재판소는 똑같은 이유로 '여성은 군대에 적합하지 않다'라는 결론을 냈다.

### | '여성이 군대를 가는 나라' 바로 알기 |

페미니스트들을 공격할 때 가장 많이 쓰이는 말 중 하나가 '성평등 운동을 정말 하고 싶으면 군대부터 가라'이다. 여성 징병제를 시행하는 나라의 여성들을 '개념녀'라고 부르거나 '한국 여성들은 본받아라'라고 말하기도 한다. 하지만 이런 나라들은 한국과 상황이 달라서 동등한 기준으로 비교할 수 없다.

여성 징병제의 사례로 많이 언급되는 노르웨이나 네덜란드를 보자. 노르웨이의 경우 군대가 선망의 직업이기 때문에 남성에게만 할당되는 것은 불공정하므로 여성의 권익 신장이라는 측면에서 여성 군 입대가 실행되었다. 따라서 군대가 기피의 대상인 우리나라와 상황이 다르다. 우리나라 남성들이 일정 나이가 되면 전원 징병의 대상이 되는 것처럼 여성 군 복무 국가는 여성도 전원 징병

된다고 알려진 경우도 많으나 네덜란드와 노르웨이 둘 다 남녀 징병제를 실시하지 않는다. 군대에 복무하는 것은 개인의 선택이다.

### | 여성이 군대를 가야만 성평등이 이루어진다는 생각 바로잡기 |

여성이 군대를 가야 성평등이 이루어진다는 말은 군대와 성평등이 큰 관계가 있다는 생각에서 출발한다. 그러나 여성의 군 입대가 법안으로 명시된 나라들을 살펴보면 여성 입대와 성평등은 상관관계가 없다. 여성도 무조건적인 징병 대상이 되는 이스라엘의 경우, 여성이 선택적으로 군대를 가는 노르웨이, 네덜란드보다 성평등 지수가 낮다. 세계적 시민단체인 '소셜 워치'의 2012년 성평등 지수는 노르웨이가 1위인 반면 이스라엘은 32위였다(우리나라는 100위였다). 2020년 세계경제포럼(WEF)에서 발표한 성 격차 지수 순위를 보면 네덜란드는 38위, 이스라엘은 64위에 그쳤다(우리나라는 108위였다).

여성이 군대를 간다고 해서 남성들이 저절로 가사 일을 똑같이 분담하거나 여성 취업률, 승진율이 올라가는 것이 아니다. 남성이 가지고 있는 기득권을 여성과 나누는 것도 아니다. 우리나라가 군대 징병 대상을 남자로만 설정한 것은 남자가 여자보다 육체적으로 강하고, 힘든 훈련은 남자만 해낼 수 있다고 생각하는 성차별적 관점에서 비롯된다. 마찬가지로 가사일, 육아에 여성이 어울린다고 생각해서 군대에서 제외하고 취업과 승진에도 불이익을 주는 것 역시 성차별적 사회 인식에서 발생한다. 군 의무의 남녀 공동 부담이 사회 전체의 성평등을 이루어 주지 않는다. 사회의 인식 변화와 성평등적인 법안으로 성평등이 이루어지는 것이다.

## | 한국 여성에게 군대는 과연 안전한지 짚어보기 |

여성에게 군대에 가라고 요구하기에 앞서 한국 여성에게 군대가 과연 안전한 장소인지를 고민할 필요가 있다. 2018년, 한국 사회에 큰 파장을 일으킨 군대 성폭력 사건 판결이 있었다. 부하 여군을 성폭행한 남자 군인 2명에게 무죄가 선고된 것이다. 1심에서는 유죄가 선고되었으나 2심에서는 '여성이 정말로 반항할 수 없는 상태였는지 알기 어렵다' '위력 관계가 있긴 하지만 위력 때문에 성폭력이 성립되는 것은 아니다'라는 이유로 무죄가 선고되었다. 피해자는 2010년에 성폭행을 당한 후 큰 고통에 시달리다 몇 년 만에 용기를 내어 가해자들을 신고했으나 가해자들은 오히려 피해 여성을 무고죄로 고소했다. 이런 가해자들에게 법원은 무죄를 선고했다. 피해자는 인터뷰에서 '여군을 꽃으로 보는 문화가 이런 사건을 만든 것 같다. 적어도 여군을 동료로 생각하는 문화가 필요하다'라고 이야기했다. 군인권센터에서 2019년 발표한 자료에 따르면 2014년부터 5년간 군에서 일어난 여군 대상 성범죄 사

건의 불기소율이 25~44%에 달한다. 또한 여군을 대상으로 한 성
범죄 발생 횟수는 해마다 증가하고 있다.

**추천 콘텐츠**

유튜브 채널 〈SLAP〉의 '[내가 팩트다] 여자도 군대 가라고? 남녀 다 군대 가는

나라 여자들이 답한다' (중·고학년, 보호자)

여성이 징병의 대상인 네덜란드, 노르웨이, 이스라엘의 여성들이 직
접 자국의 군대와 사회적 성평등에 대해 설명한다. 우리나라에서
주로 남성들에 의해 유포된 잘못된 정보들을 바로잡아 준다.


# 여학생들로만 이루어진
# 여성의 연대를 경험하게 해주세요


성 인권 이슈를 이야기할 때 여학생들로만 이루어진 집단과 그
렇지 않은 집단의 분위기는 굉장히 다르다. 남학생이 상대적으로
적으면 여성의 목소리가 더 셀 것 같지만 그렇지 않다. 남학생이
소수인 교대에서도 사회적 권력은 남성이 더 세다. 그래서 단톡방
성희롱, 페미니스트 여학생을 향한 집단 괴롭힘 같은 사건들이 일

어난다. 중·고등학교에서 성평등 수업을 하면 남학생들이 주도권을 잡고 적극적으로 페미니즘을 공격한다. 여학생들은 가만히 듣거나 남학생 편을 들어주거나 하는 수밖에 없다. 거기서 반대 의견을 말했다가는 남학생들의 괴롭힘이 돌아오기 때문이다.

이런 환경은 여학생들을 더욱 위축되게 만든다. 자신이 성차별이라고 느끼는 것들이 '내가 너무 예민한 것 아닌가?' '이게 과연 맞는 건가?' 하는 끊임없는 자기 의심으로 이어지기 때문이다. 그래서 많은 여학생들이 성차별에 혼자 분노하거나 본인이 차별을 당하면서도 이를 공론화하지 못한다.

나는 성평등 교육을 시작하면서 여성들끼리 모여 한 가지 주제에 대해 이야기할 수 있는 자리들을 많이 찾아다녔다. '스쿨 미투'가 주제일 때도 있었고 '여성의 몸에 관한 자유' '살아오면서 겪었던 성폭력에 관한 경험들' 등이 주제일 때도 있었다. 여성들이 모여서 온전히 여성들만의 목소리로 이야기할 때 나의 예민함은 문제가 아니라 당연한 것이었다는 확신을 얻게 된다. 딸의 청소년기에 여성들과 오롯이 연대하는 경험을 만들어 주는 것은 큰 도움이 된다. 여성으로서 겪었던 성차별을 서로 털어놓는 것만으로도 충분한 시작점이 된다.

# 젠더감수성 교실

© 김은혜, 2020

초판 1쇄 발행 2020년 12월 11일
초판 2쇄 발행 2022년 10월 5일

| | |
|---|---|
| 지은이 | 김은혜 |
| 펴낸이 | 이상훈 |
| 편집인 | 김수영 |
| 본부장 | 정진항 |
| 인문사회팀 | 권순범 김경훈 |
| 마케팅 | 김한성 조재성 박신영 김효진 김애린 |
| 사업지원 | 정혜진 엄세영 |

| | |
|---|---|
| 펴낸곳 | ㈜한겨레엔 www.hanibook.co.kr |
| 등록 | 2006년 1월 4일 제313-2006-00003호 |
| 주소 | 서울시 마포구 창전로 70 (신수동) 화수목빌딩 5층 |
| 전화 | 02) 6383-1602~3   팩스 02) 6383-1610 |
| 대표메일 | book@hanien.co.kr |

ISBN     979-11-6040-448-7 03590

· 책값은 뒤표지에 있습니다.
· 파본은 구입하신 서점에서 바꾸어 드립니다.
· 이 책의 일부 또는 전부를 재사용하려면 반드시 저작권자와 ㈜한겨레엔
  양측의 동의를 얻어야 합니다.